高职高专物联网应用技术专业系列教材

物联网综合应用开发实践

主编　陈又圣

西安电子科技大学出版社

内 容 简 介

本书以党的二十大精神为指引，根据物联网综合应用开发课程的教学要求，结合物联网的实际应用场景和相关核心技术编写而成。本书采用活页式装订，全书由浅入深、全面展示了物联网的 12 个实践项目，具体为：STM32 外设及 GPIO 输出控制、数码管模拟显示温度、ADC 按键控制蜂鸣器、OLED 显示、蓝牙通信、串口通信、Wi-Fi 通信、红外测距、智能实时测温、智能水泵、土壤湿度采集、智慧农业综合项目。

本书可作为本科、高职院校物联网工程、物联网应用技术等相关专业的专业拓展课程、实训课程的教材，也可作为从事物联网系统集成、物联网集成应用开发等的技术人员的参考书。

图书在版编目(CIP)数据

物联网综合应用开发实践 / 陈又圣主编. —西安：西安电子科技大学出版社，2023.5
ISBN 978-7-5606-6853-6

Ⅰ. ①物… Ⅱ. ①陈… Ⅲ. ①物联网—系统开发 Ⅳ. ①TP393.4②TP18

中国国家版本馆 CIP 数据核字(2023)第 057798 号

策　　划　明政珠
责任编辑　许青青
出版发行　西安电子科技大学出版社(西安市太白南路 2 号)
电　　话　(029) 88202421　88201467　　邮　　编　710071
网　　址　www.xduph.com　　电子邮箱　xdupfxb001@163.com
经　　销　新华书店
印刷单位　陕西天意印务有限责任公司
版　　次　2023 年 5 月第 1 版　2023 年 5 月第 1 次印刷
开　　本　787 毫米×1092 毫米　1/16　印张 12
字　　数　283 千字
印　　数　1～2000 册
定　　价　39.00 元(含习题册)
ISBN　978-7-5606-6853-6 / TP
XDUP 7155001-1

前　　言

物联网将互联网延伸到万物互联，是一种基于信息网络和移动网络的新型连接模式。随着物联网、5G、云计算、大数据、人工智能等技术的发展和进步，以及这些技术的深度融合，物联网在优化个人生活体验、赋能工农业生产、提高城市建设和管理效率方面日益重要。目前，本科院校和高职院校开设的“物联网综合应用开发”课程是物联网技术应用、物联网工程等相关专业的重要课程之一，是了解物联网技术具体应用、提高学生综合实践能力的关键课程。

为深入学习贯彻党的二十大精神，实施科教兴国战略，强化现代化建设人才支撑，本书结合目前物联网技术发展的新趋势、新特点，以立德树人为出发点，参照《国家职业教育改革实施方案》的要求，以物联网应用技术的核心岗位需求为导向，精选了 12 个具有应用场景的物联网应用实践项目，注重融合知识讲解、技能训练和素养提升，并把社会主义核心价值观、科学精神、工匠精神植入教材的实践内容中。

本书重点培养学生的软硬件分析能力和综合实践能力。在项目选择方面，本书力求实用、适用和面向场景，侧重于项目分析和编程实施，并提供了完整的项目实施过程和中间结果，以便读者在进行编程训练时使用。

本书着眼于提高学生在物联网领域的应用能力，并与物联网智能终端开发设计等岗位的要求相衔接。书中选定的 12 个项目以技能提升为导向，着重终端开发和系统集成的岗位技能训练，以满足物联网专业教学和人才培养的需要。

本书的内容注重实用性和针对性，既包括简单的 GPIO 输出控制和 ADC 按键控制，也包含蓝牙、Wi-Fi 和其他复杂项目案例。考虑到不同层次读者的学习需求和培训需求，本书的内容从浅到深，不断突破。

本书在表达和呈现方面适合学生编程操作和硬件调试的认知习惯，力求做到具体详细，并为学生留出思考和补充的空间，以增强他们的学习兴趣。

本书采用活页装订方式，以方便学生使用。书中还提供了每个项目案例的基础代码、STM32CubeIDE 开发软件、J-Flash Lite 工具、蓝牙调试助手、串口调试助手、TCP 调试工具以及与项目对应的课件和教学文档，相关资料可到西安电子科技大学出版社官网（https://www.xduph.com/）下载。

由于时间仓促，加之作者水平有限，书中难免有不妥之处，欢迎读者批评指正。

作　者

2023 年 2 月

目　　录

项目 1　STM32 外设及 GPIO 输出控制

知识和技能目标：

(1) 掌握 STM32CubeMX 的使用。

(2) 掌握 GPIO 的结构和配置。

素质目标：

(1) 培养学习新知识的能力。

(2) 培养科技报国的情怀。

1.1 任务说明

任 务 描 述
1. 任务目标 通过本次任务，要求学生能够： (1) 导入基础代码； (2) 编程实现 GPIO 输出控制； (3) 学会分工合作； (4) 规范性地编写实验报告。 2. 任务内容要求 通过使用开发板，导入本项目的基础代码，然后编程补充代码，实现 STM32 的 GPIO 输出控制。 3. 开发软件及工具 本项目使用的开发软件及工具：STM32CubeIDE、J-Flash Lite。

4. 实验器件

本项目使用的实验器件是粤嵌智能测温终端开发板，如图 1-1 所示。

图 1-1　粤嵌智能测温终端开发板

本实验主要使用了蜂鸣器，如图 1-2 所示。蜂鸣器电路图如图 1-3 所示。

图 1-2　蜂鸣器

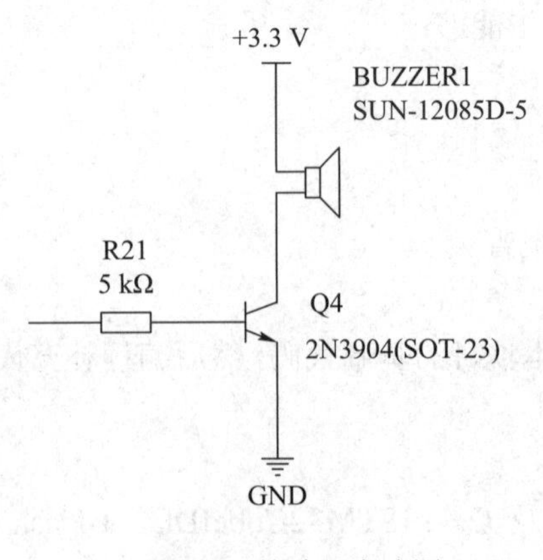

图 1-3　蜂鸣器电路图

5. 任务实施要求

(1) 分组讨论，每组 4～5 人；

(2) 课内提供所需的硬件器件和基础代码。

6. 任务提交资料

(1) 综合实验报告，包含电路分析、任务分析、结果分析等。

(2) STM32 外设及 GPIO 输出控制的实际编程代码。

(3) 项目分工、每个组员的贡献以及相关结果的证明材料，即与本任务相关的图片、视频，以及组员实际参与的编程或者测试的图片佐证等。

相关知识

1. 通用输入/输出(General-Purpose Input/Output，GPIO)

GPIO 是通用输入/输出端口的缩写，可以理解为可由软件控制的输入/输出引脚。STM32 芯片的 GPIO 引脚与外部设备连接，可实现外部通信、控制和数据采集功能。本实验开发板使用的芯片为 STM32F103ZET6。它有 7 个 GPIO，每个 GPIO 包含 16 个引脚，总共 112 个 GPIO 引脚。GPIO 可以输出高电平和低电平，从而使蜂鸣器发出声音。GPIO 有 8 种工作模式，通过配置 GPIOx_CRL 或 GPIOx_CRH 寄存器来控制。

2. 蜂鸣器

蜂鸣器是一种由直流电压供电的电子发声器。作为一种发声设备，蜂鸣器广泛应用于计算机、闹钟、定时器中。蜂鸣器分为压电蜂鸣器和电磁蜂鸣器。其中，压电蜂鸣器主要由多谐振荡器、阻抗匹配器、谐振盒、外壳等组成。多谐振荡器由晶体管或集成电路组成。当连接直流电源时，多谐振荡器振动并输出音频信号。阻抗匹配装置推动压电蜂鸣器发出声音。电磁蜂鸣器由振荡器、电磁线圈、磁铁、振动膜片和外壳组成。接通直流电源后，振荡器产生的音频信号电流通过电磁线圈，使电磁线圈产生磁场，振动膜片在电磁线圈与磁体的相互作用下周期性地振动。从是否存在振荡源的角度来看，蜂鸣器可分为有源蜂鸣器和无源蜂鸣器。有源蜂鸣器内部有振荡源，因此一旦通电就会响起。无源蜂鸣器内部没有振荡源，因此不能直接用直流信号产生声音。蜂鸣器两个引脚的一端连接低电平，另一端连接高电平。

本实验采用 12085 蜂鸣器，驱动方式为电磁驱动。通过改变与蜂鸣器相连的微控制器引脚的输出波形的频率，可以调整和控制蜂鸣器的音调，并可以产生不同音色和音调的各种声音。蜂鸣器的响度可以通过改变输出电平的高电平和低电平的占空比来控制。

1.2 项 目 实 施

整体硬件线路连接及基础代码导入

随堂笔记

本项目的整体硬件接线外观图如图 1-4 所示。

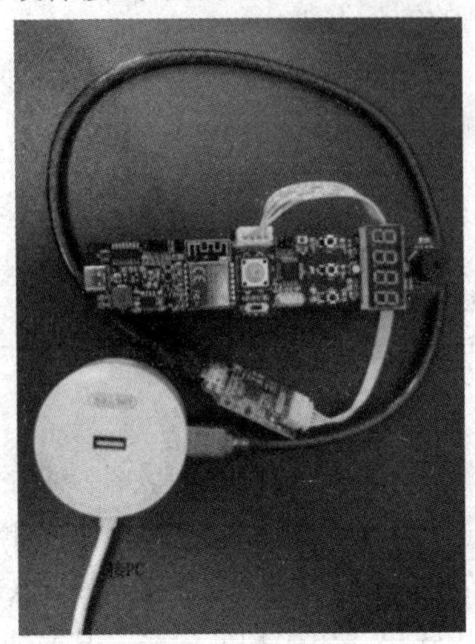

图 1-4　硬件接线图

在 STM32CubeIDE 中创建一个工程，自定义工作空间的名称，导入基础项目代码“GPIOControll.zip”。

首先需要打开一个工作空间，在工作空间中点击鼠标右键，选择 Import，或者在菜单栏中点击 File，选择 Import，如图 1-5 所示。

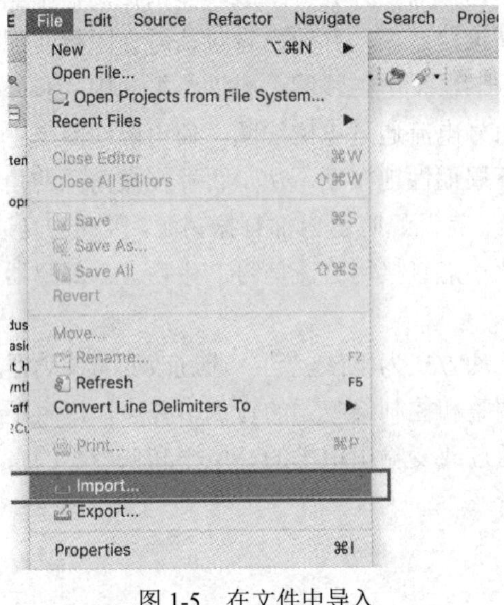

图 1-5　在文件中导入

随堂笔记

在弹出的对话框中选择 Existing Projects into Workspace，然后点击 Next，如图 1-6 所示。

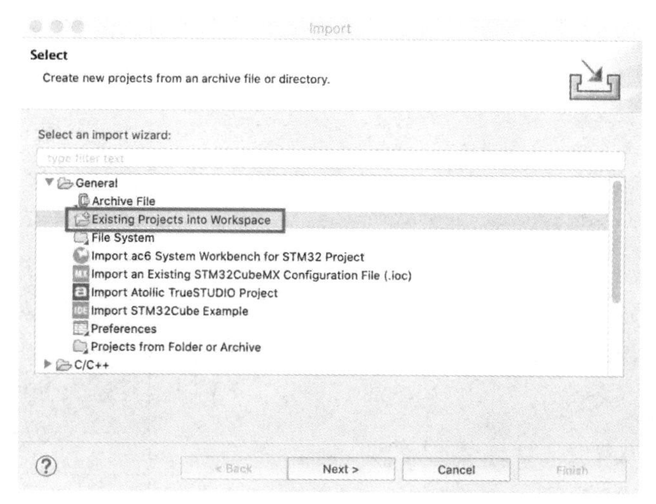

图 1-6　选择 Existing Projects into Workspace

然后会出现一个导入工程的页面，此时可选择导入的目录或者压缩包。当导入的工程为压缩包格式时，选择 Select archive file，然后点击 Browse，选择工程压缩包，如图 1-7 所示。注意：压缩包应使用 STM32CubeIDE 所导出的压缩包。

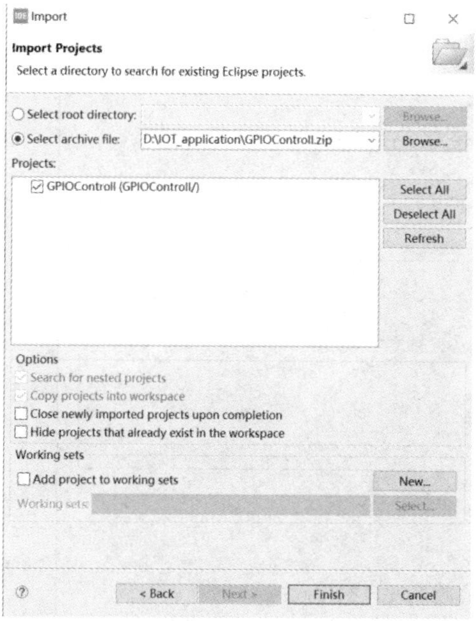

图 1-7　导入基础代码压缩包

点击 Finish 即可导入工程(注意：在同一个工作空间，不能有名称相同的工程文件)。

补 充 代 码

补充代码	随堂笔记

展开项目代码，点开 main.c，在方框中补充 include 头文件以及对蜂鸣器的定义：

```
/* USER CODE END Header */
/* Includes
------------------------------------------------------------------*/
```

[ ]

```
/* Private includes
----------------------------------------------------------------*/
/* USER CODE BEGIN Includes */

/* USER CODE END Includes */

/* Private typedef
----------------------------------------------------------------*/
/* USER CODE BEGIN PTD */

/* USER CODE END PTD */

/* Private define
----------------------------------------------------------------*/
/* USER CODE BEGIN PD */
//定义蜂鸣器发声和不发声
```

[ ]

```
/* USER CODE END PD */
```

在主函数 while 循环里补充有关蜂鸣器发声的代码：

```
/* Infinite loop */
/* USER CODE BEGIN WHILE */
while (1)
{
```

```
    /* USER CODE END WHILE */

    /* USER CODE BEGIN 3 */
  }
  /* USER CODE END 3 */
```

随堂笔记

1.3　实验结果与分析

编译和执行文件的烧写

在补充完所有代码后，点击“Build All”完成编译，如果没有编译错误，则可以连接线路，然后使用 J-Link 烧写程序，运行“J-Flash Lite V7.50a”，选择对应的 bin 文件“GPIOControll.bin”，并且把默认的烧写起始地址 0x00000000 改为 0x08000000，如图 1-8 所示。最后，按“Program Device”完成执行文件的烧写。

图 1-8　导入 bin 文件

结 果 和 分 析

程序烧写完成之后，开发板可以断开接线，不由计算机供电，而直接由蓄电池供电。长按复位按键启动，快速双击按键关闭。启动前后的对比如图 1-9 所示。

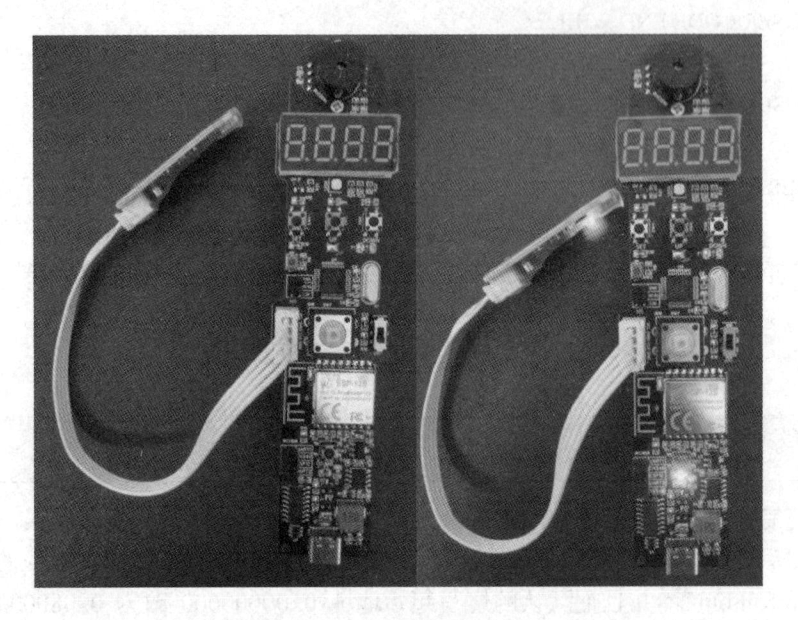

图 1-9　启动前后的对比

启动后蜂鸣器开始发声，双击复位按键，则蜂鸣器停止发声。

项目 2　数码管模拟显示温度

知识和技能目标：

(1) 了解 TM1650 的引脚。

(2) 熟悉 TM1650 的通信协议。

素质目标：

(1) 培养学生的自主学习习惯。

(2) 培养学生良好的职业素质。

2.1 任务说明

任务描述
1. 任务目标 通过本次任务，要求学生能够： (1) 导入基础代码； (2) 掌握数码管驱动的电路； (3) 编程实现温度显示； (4) 学会分工合作； (5) 规范性地编写实验报告。 2. 任务内容要求 通过使用开发板，导入本项目的基础代码，然后编程补充代码，实现用数码管模拟显示温度。 3. 开发软件及工具 本项目使用的开发软件及工具：STM32CubeIDE、J-Flash Lite。

4. 实验器件

本项目使用的实验器件为粤嵌智能测温终端以及数码管(见图 2-1)。

图 2-1　数码管

数码管驱动电路如图 2-2 所示。

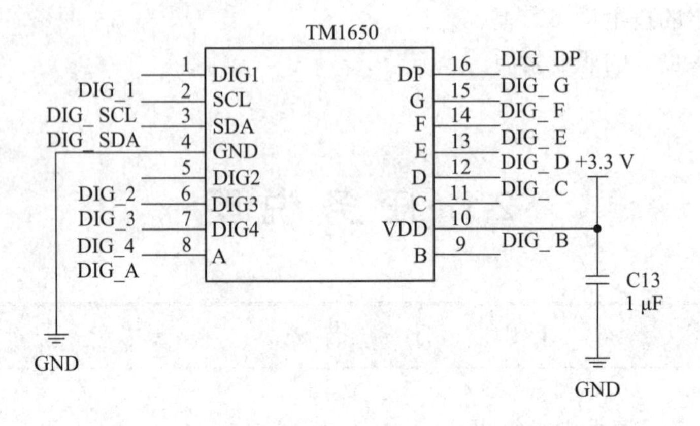

图 2-2　数码管驱动电路

5. 任务实施要求

(1) 分组讨论，每组 4～5 人；

(2) 课内提供所需的硬件器件和基础代码。

6. 任务提交资料

(1) 综合实验报告，包含电路分析、任务分析、结果分析等。

(2) 数码管模拟显示温度的实际编程代码。

(3) 项目分工、每个组员的贡献以及相关结果的证明材料，即与本任务相关的图片、视频，以及组员实际参与的编程或者测试的图片佐证等。

相关知识

1. TM1650

TM1650 是 LED 驱动控制的专用电路，内部集成了输入/输出控制数字接口、数据锁存器、LED 驱动器、键盘扫描和其他电路。其性能稳定，适合在长期连续工作中应用。TM1650 具有 8 段 × 4 位和 7 段 × 4 位的两种显示模式，段驱动电流大于 25 mA，位驱动电流大于 150 mA，高速双线串行接口，内置时钟振荡电路和上电复位电路。

TM1650 的引脚功能如下：

DIG1～4：LED 段驱动输出 1/键盘扫描输出 1～4。

SCL：数据输入端。

SDA：时钟输入端。

A～G/KI1～KI7：LED 段驱动输出 A～G/键扫描输入 KI1～KI7。

DP/KP：LED 段输出 DP/键盘标志输出 KP。

GND：逻辑地。

VDD：逻辑电源。

2. 通信协议

TM1650 使用 SDA 和 SCL 总线以及 IIC 协议。

启动信号：保持 SCL 为 1，SDA 从 1 跳至 0。

结束信号：保持 SCL 为 1，SDA 从 0 跳至 1。

ACK 信号：在串行通信中时钟的第八个下降沿之后，TM1650 主动降低 SDA，直到它检测到 SCL 正在上升沿，并且 SDA 被释放到输入状态。

写入 1：保持 SDA 为 1，SCL 从 0 跳到 1，然后从 1 跳到 0。

写入 0：保持 SDA 为 0，SCL 从 0 跳到 1，然后从 1 跳到 0。

发送一个字节的数据：发送数据时，MSB 位于 LSB 之前。输入数据时，当 SCL 为 1 时，SDA 上的信号必须保持不变；只有当 SCL 上的时钟信号为 0 时，SDA 上的信号才会改变。数据输入的起始条件是当 SCL 为 1 时，SDA 从 1 跳至 0；结束条件是当 SCL 为 1 时，SDA 从 0 跳到 1。

3. 数码管

数码管是一种半导体发光器件，它由多个发光二极管组成，也称为 LED 数码管。LED 数码管可分为共阴极数码管和共阳极数码管。其中，共阳极数码管被低电平点亮，驱动功率很小；如果共阴极数码管被高电平点亮，则需要高驱动功率。本实验选用的数码管由七条 LED 和一个小点 LED 组成。根据每根管子的明暗情况组合成数字和一些英文字符。使用时，公共阴极数码管的公共端接地，公共阳极数码管的公用端接电源。每个 LED 需要 5～10 mA 的驱动电流才能正常点亮。实际电路需要通过增加限流电阻来控制电流。

2.2 项 目 实 施

整体硬件线路连接及基础代码导入

随堂笔记

本项目的整体硬件接线外观图可参考项目一。在 STM32CubeIDE 中创建一个工程，自定义工作空间的名称，导入基础项目代码“SEGdisplay.zip”。

首先需要打开一个工作空间，在工作空间中点击鼠标右键，选择 Import，或者在菜单栏中，点击 File，选择 Import，如图 2-3 所示。

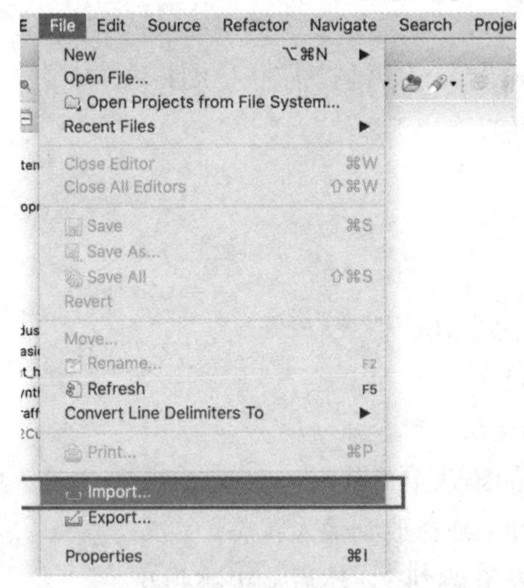

图 2-3　在文件中导入

在弹出的对话框中选择 Existing Projects into Workspace，然后点击 Next，如图 2-4 所示。

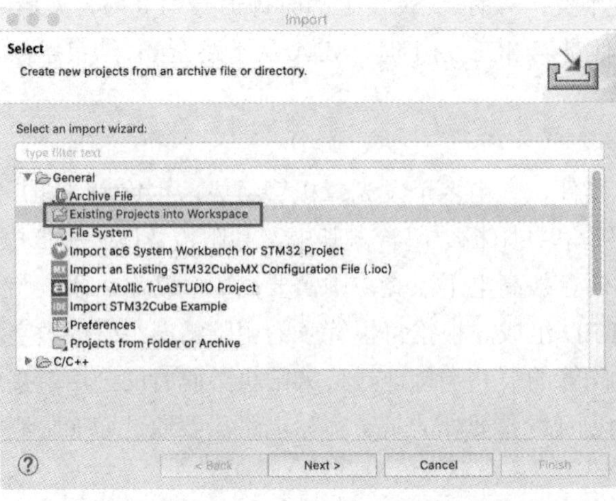

图 2-4　选择 Existing Projects into Workspace

随堂笔记

然后会出现一个导入工程的页面，此时会让我们选择导入的目录或者压缩包，当我们导入的工程为压缩包格式时，则选择 Select archive file，然后点击 Browse 选择工程压缩包。注意：压缩包需要为使用 STM32CubeIDE 所导出的压缩包，如图 2-5 所示。

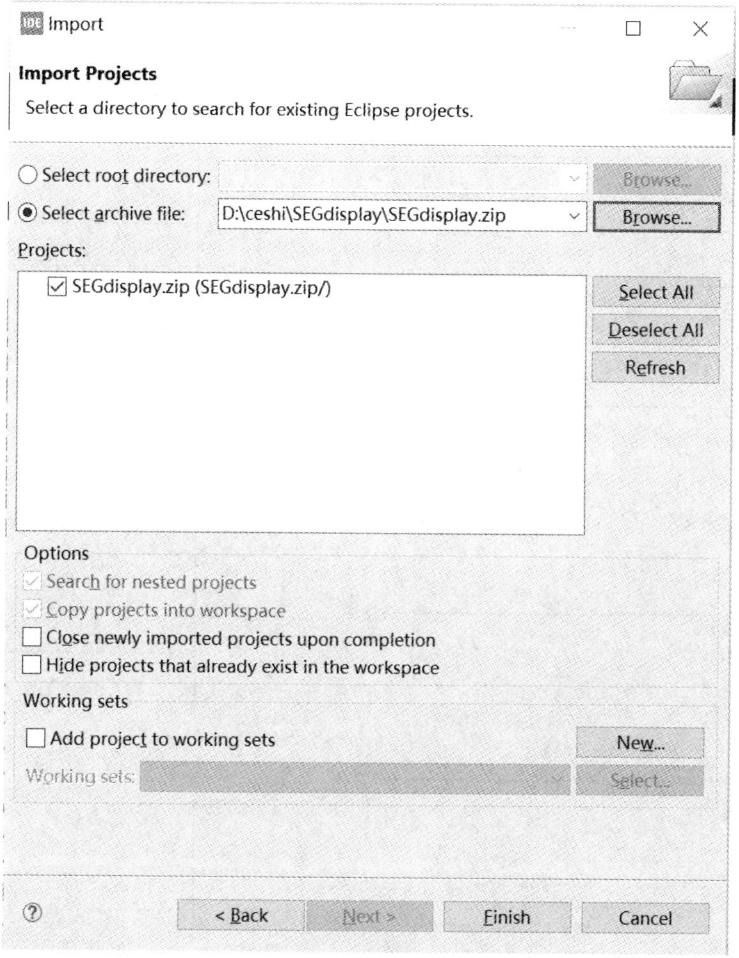

图 2-5　导入基础代码压缩包

点击 Finish 即可导入工程(注意：在同一个工作空间，不能有命名相同的工程文件)。

补 充 代 码

展开项目代码，点开 main.c，在方框中添加头文件 tm1650.h，添加数码管需要显示的数值(温度)，如 36.5℃对应数值为 365。

```
#include "main.h"
#include "gpio.h"

/* Private includes ----------------------------------------------------------*/
/* USER CODE BEGIN Includes */
[                    ]
/* USER CODE END Includes */

/* Private typedef -----------------------------------------------------------*/
/* USER CODE BEGIN PTD */

/* USER CODE END PTD */

/* Private define ------------------------------------------------------------*/
/* USER CODE BEGIN PD */
/* USER CODE END PD */

/* Private macro -------------------------------------------------------------*/
/* USER CODE BEGIN PM */

/* USER CODE END PM */

/* Private variables ---------------------------------------------------------*/

/* USER CODE BEGIN PV */

/* USER CODE END PV */

/* Private function prototypes -----------------------------------------------*/
void SystemClock_Config(void);
/* USER CODE BEGIN PFP */
```

随堂笔记

随堂笔记

```
/* USER CODE END PFP */

/* Private user code ---------------------------------------------------------*/
/* USER CODE BEGIN 0 */

/* USER CODE END 0 */

/**
  * @brief  The application entry point.
  * @retval int
  */
int main(void)
{
  /* USER CODE BEGIN 1 */

  /* USER CODE END 1 */

  /* MCU Configuration--------------------------------------------------------*/

  /* Reset of all peripherals, Initializes the Flash interface and the Systick. */
  HAL_Init();

  /* USER CODE BEGIN Init */

  /* USER CODE END Init */

  /* Configure the system clock */
  SystemClock_Config();

  /* USER CODE BEGIN SysInit */

  /* USER CODE END SysInit */

  /* Initialize all configured peripherals */
  MX_GPIO_Init();
  /* USER CODE BEGIN 2 */

  /* USER CODE END 2 */
```

随堂笔记

```
/* Infinite loop */
/* USER CODE BEGIN WHILE */


Display_Init(); //初始化
while (1)
{
        [          ]//数码管显示数值
        HAL_Delay(1000);        //延时，单位为毫秒

    /* USER CODE END WHILE */

    /* USER CODE BEGIN 3 */
}
/* USER CODE END 3 */
    }
```

点开 tm1650.c，在括号中添加数码管的码本(包括数字和所需的英文字母)，以及数码管的段地址：

```
/* Infinite loop */
/* USER CODE BEGIN WHILE */
#include "tm1650.h"

uint8_t data_num[10]= [          ];
//数字
uint8_t data_alphabet[6]=
[          ]; // a-f

uint8_t display_address[4]=
[          ]; //段地址
uint8_t display_brightness[8]={0x11,0x21,0x31,0x41,0x51,0x61,0x71,0x01}; //0-7
级亮度设置
```

在 Display_Send_Data 函数中补充 TM1650 对 LED 驱动控制电路的发送数据的部分代码：

```
void Display_Send_Data(uint8_t address,uint8_t data)
{
    uint8_t buff = 0;
    TIM_SCL_1;
    TIM_SDA_1;
    delay_us(1) ;
    TIM_SDA_0;
    delay_us(1) ;
    TIM_SCL_0;

    delay_us(2) ;

    for(uint8_t i = 0; i <8 ;i++)
    {



    }

    TIM_SCL_1;
    delay_us(2) ;
    TIM_SCL_0;
    delay_us(2) ;
```

随堂笔记

随堂笔记

```
    for(uint8_t i = 0; i <8 ;i++)
    {
        buff = ((data >> (7- i))&0x01);
        if(buff == 1)
        {
            TIM_SDA_1;
        }
        else
        {
            TIM_SDA_0;
        }
        TIM_SCL_0;
        delay_us(1) ;
        TIM_SCL_1;
        delay_us(1) ;
        TIM_SCL_0;
        delay_us(1) ;
    }
    TIM_SCL_1;
    delay_us(1) ;
    TIM_SCL_0;
    delay_us(1) ;
}
```

2.3　实验结果与分析

编译和执行文件的烧写

在补充完所有代码后，点击“Build All”完成编译，如果没有编译错误，则可以连接线路，然后使用 J-Link 烧写程序，运行“J-Flash Lite V7.50a”，选择对应的 bin 文件“SEGdisplay.bin”，并且把默认的烧写起始地址 0x00000000 改为 0x08000000。最后，按“Program Device”完成执行文件的烧写，如图 2-6 所示。

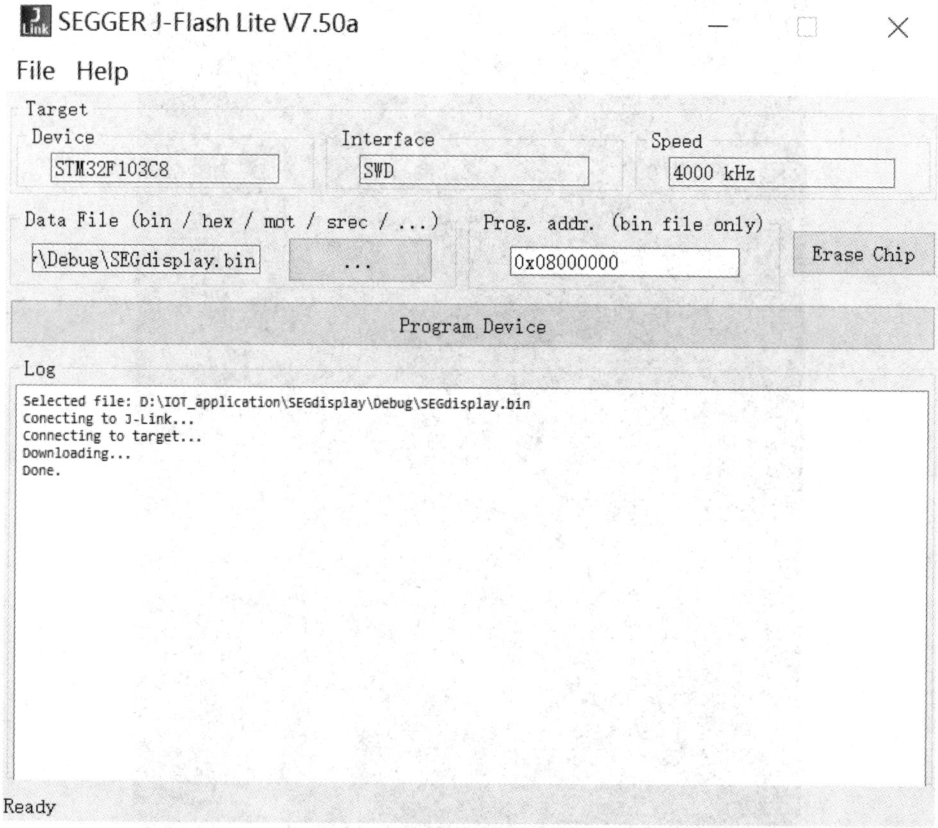

图 2-6　导入 bin 文件

结 果 和 分 析

程序烧写完成之后，实验结果如图 2-7 所示。

图 2-7　数码管显示指定数值

数码管显示的数值是固定的，如需调整数值，需要在函数里修改。

项目 3　ADC 按键控制蜂鸣器

知识和技能目标：

(1) 了解 ADC。

(2) 熟悉 ADC 按键控制方法。

素质目标：

(1) 培养学生分析问题的能力。

(2) 培养学生主动解决问题的能力。

3.1 任务说明

任务描述
1. 任务目标 通过本次任务，要求学生能够： (1) 导入基础代码； (2) 掌握 ADC 按键控制方法； (3) 编程实现按键控制蜂鸣器； (4) 学会分工合作； (5) 规范性地编写实验报告。 2. 任务内容要求 通过使用开发板，导入本项目的基础代码，然后编程补充代码，实现 ADC 按键控制蜂鸣器。 3. 开发软件及工具 本项目所使用的开发软件及工具：STM32CubeIDE、J-Flash Lite。 4. 实验器件 本项目所使用的实验器件为粤嵌智能测温终端、蜂鸣器。其中 ADC 按键电路如图 3-1 所示。

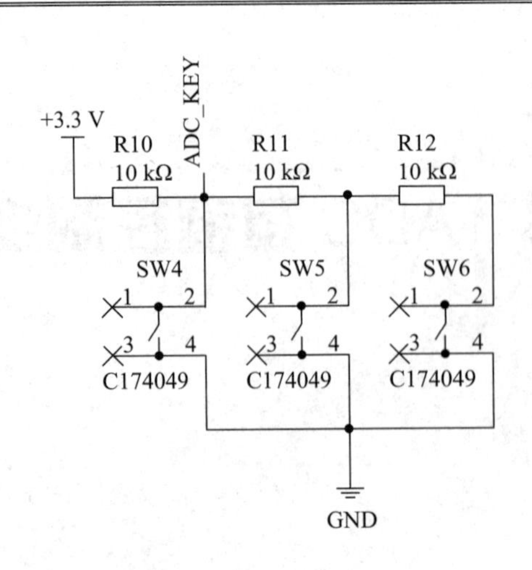

图 3-1　ADC 按键电路

5. 任务实施要求

(1) 分组讨论，每组 4～5 人；

(2) 课内提供所需的硬件器件和基础代码。

6. 任务提交资料

(1) 综合实验报告，包含电路分析、任务分析、结果分析等。

(2) ADC 按键控制蜂鸣器的实际编程代码。

(3) 项目分工、每个组员的贡献以及相关结果的证明材料，即与本任务相关的图片、视频，以及组员实际参与的编程或者测试的图片佐证等。

相 关 知 识

ADC 是指模/数转换器，它可以将模拟信号转换为数字信号。根据其转换原理，可分为逐次逼近型、双积分型和电压频率转换型几种。ADC 的信号通过输入通道进入 STM32 MCU，MCU 通过 ADC 模块将模拟信号转换为数字信号。ADC 的输入电压范围为从 VREF-到 VREF+，电压由 VREF-、VREF+、VDDA 和 VSSA 的四个外部引脚决定。通常，VSSA 和 VREF 接地，VREF+和 VDDA 连接到 3.3 V 电源。本开发板的 STM32ADC 电压范围为 2.4～3.6 V。ADC 有 12 个通道信号源，包括 10 个外部信号源和 2 个内部信号源。这些通道的 A/D 转换可以在单个、连续、扫描或间歇模式下执行。在转换过程中，外部通道分为常规通道和注入通道。常规频道是最常用的频道。转换常规通道时，注入通道可以强制插入转换。当需要转换注入通道时，常规通道的转换将停止，注入通道的转换优先。ADC 的时钟频率由分频产生，输入时钟不应超过 14 MHz。ADC 结果数据存储在 ADC 寄存器中。使用 ADC 时，需要连续读取数据。因此，使用 DMA 可以减少 CPU 的负担。DMA 技术在 ADC 中的作用是实现高速信号采集。ADC 收集外部电压，然后通过 DMA 将其传输到缓冲器，最后通过串行端口将其发送到计算机。ADC 具有模拟看门狗功能，允许应用程序检测输入电压是否超过用户定义阈值的上限或下限。

3.2 项目实施

整体硬件线路连接及基础代码导入

随堂笔记

本项目的整体硬件接线外观图可参考项目一。在 STM32CubeIDE 中创建一个工程，自定义工作空间的名称，导入基础项目代码“ADCcontrol.zip”。

首先需要打开一个工作空间，在工作空间中点击鼠标右键，选择 Import，或者在菜单栏中点击 File，选择 Import，如图 3-2 所示。

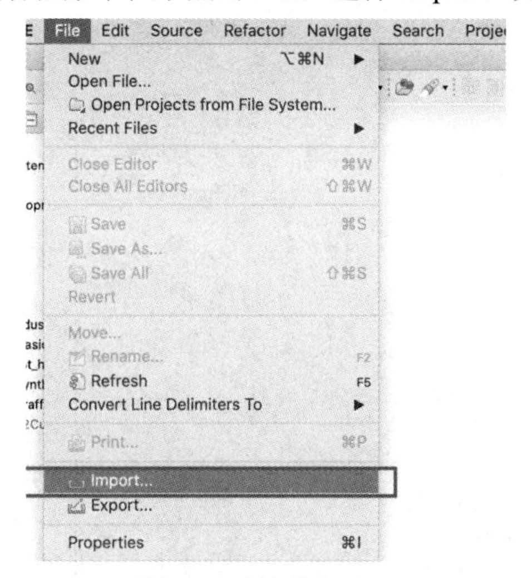

图 3-2　在文件中导入

在弹出的对话框中选择 Existing Projects into Workspace，然后点击 Next，如图 3-3 所示。

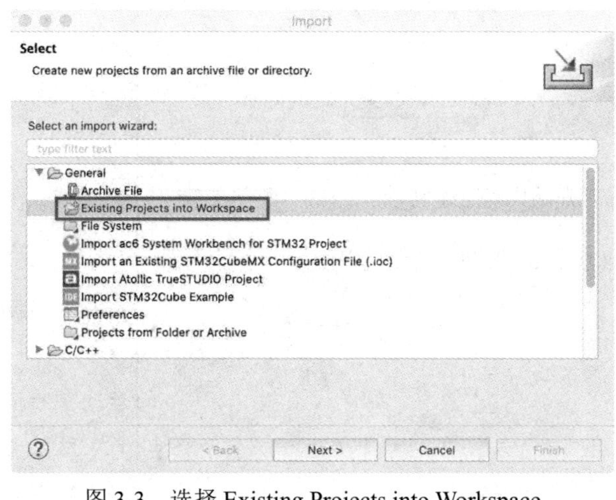

图 3-3　选择 Existing Projects into Workspace

随堂笔记

然后会出现一个导入工程的页面，此时会让我们选择导入的目录或者压缩包。当导入的工程为压缩包格式时，选择 Select archive file，然后点击 Browse，选择工程压缩包如图 3-4 所示，注意：压缩包应使用 STM32CubeIDE 所导出的压缩包。

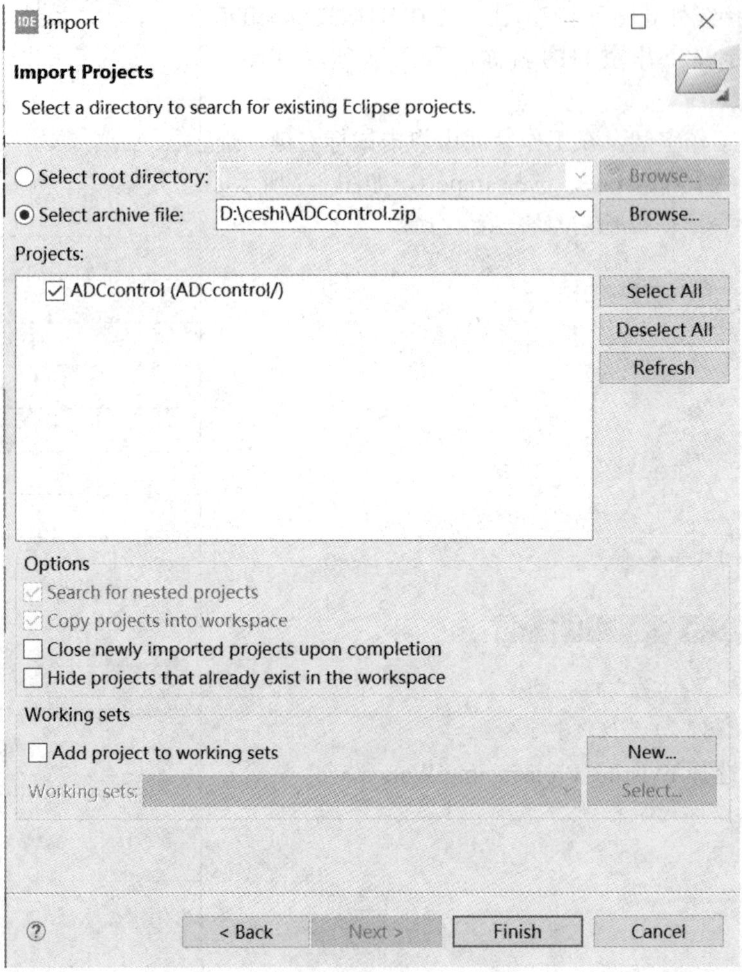

图 3-4　导入基础代码压缩包

点击 Finish 即可导入工程(注意：在同一个工作空间，不能有命名相同的工程文件)。

补 充 代 码

随堂笔记

展开项目代码，点开 main.c，在下面横线里填入按键 1～3 的最大值和最小值。

```
/* USER CODE END Header */
/* Includes ------------------------------------------------------------------*/
#include "main.h"
#include "adc.h"
#include "gpio.h"

/* Private includes ----------------------------------------------------------*/
/* USER CODE BEGIN Includes */

/* USER CODE END Includes */

/* Private typedef -----------------------------------------------------------*/
/* USER CODE BEGIN PTD */

/* USER CODE END PTD */

/* Private define ------------------------------------------------------------*/
/* USER CODE BEGIN PD */
//分别定义按键1～3的最大值200、2200、2900，最小值0、1800、2500

#define   ADC_KEY1_MAX   [          ]
#define   ADC_KEY1_MIN   [          ]
#define   ADC_KEY2_MAX   [          ]
#define   ADC_KEY2_MIN   [          ]
#define   ADC_KEY3_MAX   [          ]
#define   ADC_KEY3_MIN   [          ]
```

用 BEEP_ON 和 BEEP_OFF 定义蜂鸣器的响和不响：

```
#define BEEP_ON
[                                        ]
//定义蜂鸣器响
#define BEEP_OFF
```

随堂笔记

//

定义蜂鸣器不响

```
/* USER CODE END PD */

/* Private macro -------------------------------------------------------------*/
/* USER CODE BEGIN PM */

/* USER CODE END PM */

/* Private variables ---------------------------------------------------------*/

/* USER CODE BEGIN PV */

/* USER CODE END PV */

/* Private function prototypes -----------------------------------------------*/
void SystemClock_Config(void);
/* USER CODE BEGIN PFP */

/* USER CODE END PFP */
```

在下面方框位置补充三个按键的控制代码：

```
HAL_Init();

  /* USER CODE BEGIN Init */

  /* USER CODE END Init */

  /* Configure the system clock */
  SystemClock_Config();

  /* USER CODE BEGIN SysInit */

  /* USER CODE END SysInit */
```

随堂笔记

```
  /* Initialize all configured peripherals */
  MX_GPIO_Init();
  MX_ADC1_Init();
  /* USER CODE BEGIN 2 */
  uint16_t adc_value = 0;
  /* USER CODE END 2 */

  /* Infinite loop */
  /* USER CODE BEGIN WHILE */
  BEEP_OFF;
  while (1)
  {

    /* USER CODE END WHILE */

    /* USER CODE BEGIN 3 */
  }

  /* USER CODE END 3 */
}
/**
  * @brief System Clock Configuration
  * @retval None
  */
void SystemClock_Config(void)
{
  RCC_OscInitTypeDef RCC_OscInitStruct = {0};
  RCC_ClkInitTypeDef RCC_ClkInitStruct = {0};
  RCC_PeriphCLKInitTypeDef PeriphClkInit = {0};

  /** Initializes the RCC Oscillators according to the specified parameters
```

随堂笔记

```
  * in the RCC_OscInitTypeDef structure.
  */

  RCC_OscInitStruct.OscillatorType = RCC_OSCILLATORTYPE_HSE;
  RCC_OscInitStruct.HSEState = RCC_HSE_ON;
  RCC_OscInitStruct.HSEPredivValue = RCC_HSE_PREDIV_DIV1;
  RCC_OscInitStruct.HSIState = RCC_HSI_ON;
  RCC_OscInitStruct.PLL.PLLState = RCC_PLL_ON;
  RCC_OscInitStruct.PLL.PLLSource = RCC_PLLSOURCE_HSE;
  RCC_OscInitStruct.PLL.PLLMUL = RCC_PLL_MUL9;
  if (HAL_RCC_OscConfig(&RCC_OscInitStruct) != HAL_OK)
  {
    Error_Handler();
  }
  /** Initializes the CPU, AHB and APB buses clocks
  */
  RCC_ClkInitStruct.ClockType =
RCC_CLOCKTYPE_HCLK|RCC_CLOCKTYPE_SYSCLK

|RCC_CLOCKTYPE_PCLK1|RCC_CLOCKTYPE_PCLK2;
  RCC_ClkInitStruct.SYSCLKSource = RCC_SYSCLKSOURCE_PLLCLK;
  RCC_ClkInitStruct.AHBCLKDivider = RCC_SYSCLK_DIV1;
  RCC_ClkInitStruct.APB1CLKDivider = RCC_HCLK_DIV2;
  RCC_ClkInitStruct.APB2CLKDivider = RCC_HCLK_DIV1;

  if (HAL_RCC_ClockConfig(&RCC_ClkInitStruct, FLASH_LATENCY_2) !=
HAL_OK)
  {
    Error_Handler();
  }
  PeriphClkInit.PeriphClockSelection = RCC_PERIPHCLK_ADC;
  PeriphClkInit.AdcClockSelection = RCC_ADCPCLK2_DIV6;
  if (HAL_RCCEx_PeriphCLKConfig(&PeriphClkInit) != HAL_OK)
  {
    Error_Handler();
  }
}
```

3.3　实验结果与分析

编译和执行文件的烧写

在补充完所有代码后，点击“Build All”完成编译，如果没有编译错误，则可以连接线路，然后使用 J-Link 烧写程序，运行“J-Flash Lite V7.50a”，选择对应的 bin 文件“ADCcontrol.bin”，并且把默认的烧写起始地址 0x00000000 改为 0x08000000。最后，按“Program Device”完成执行文件的烧写，如图 3-5 所示。

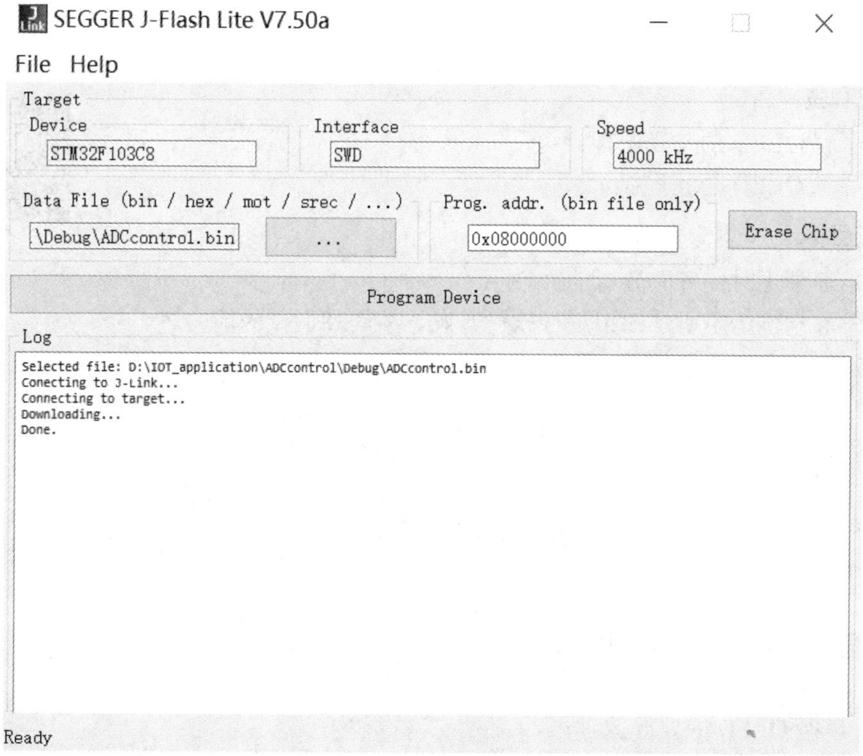

图 3-5　导入 bin 文件

结果和分析

本实验是通过听蜂鸣器的声音来判断功能是否实现，一共有三个按键，分别是按键 1(开发板的 SW4)、按键 2(开发板的 SW5)和按键 3(开发板的 SW6)。按下按键 1，蜂鸣器响，而按下按键 2 或者按键 3 则关闭声音。

项目 4 OLED 显示

知识和技能目标：

(1) 了解 OLED 的发光原理。

(2) 熟悉 OLED 的编程显示。

素质目标：

(1) 培养学生对任务的分析能力。

(2) 培养学生运用所学知识进行软件开发、编码和调试的能力。

4.1 任 务 说 明

任 务 描 述
1. 任务目标 通过本次任务，要求学生能够： (1) 导入基础代码； (2) 掌握 OLED 的发光原理； (3) 编程实现 OLED 显示具体内容； (4) 学会分工合作； (5) 规范性地编写实验报告。 2. 任务内容要求 通过使用开发板，导入本项目的基础代码，然后编程补充代码，实现 OLED 显示。 3. 开发软件及工具 本项目所使用的开发软件及工具：STM32CubeIDE、J-Flash Lite。 4. 实验器件 本项目使用的实验器件：粤嵌 STM32 核心板(见图 4-1)和 OLED 模块(见图 4-2)。

图 4-1　粤嵌 STM32 核心板

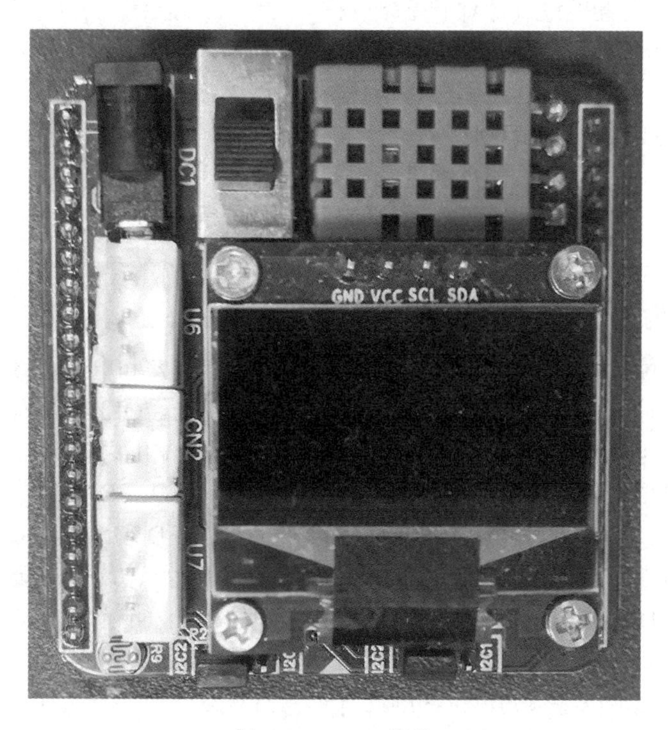

图 4-2　OLED 模块

OLED 电路如图 4-3 所示。

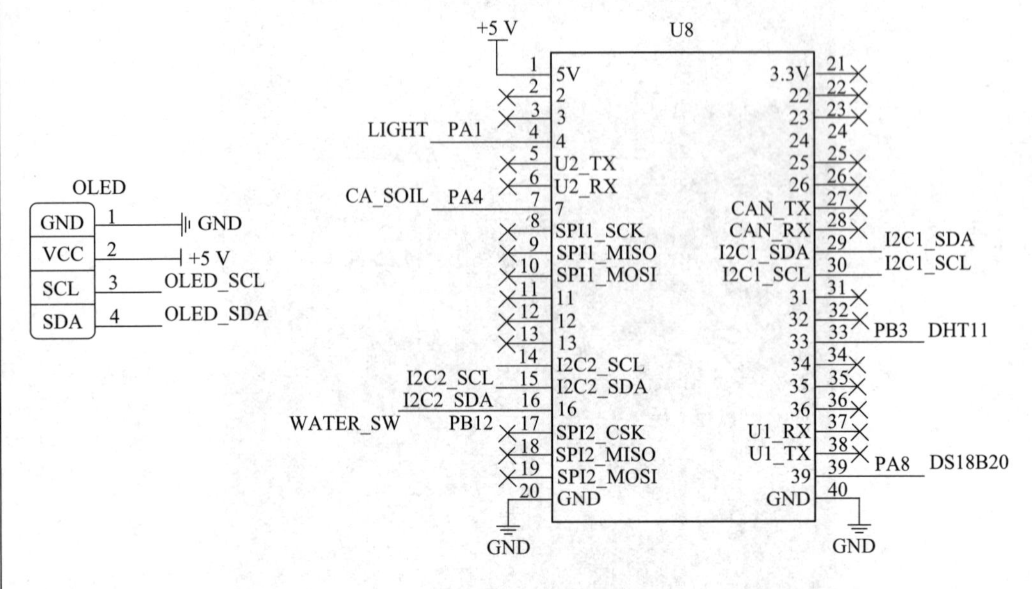

图 4-3　OLED 电路

5. 任务实施要求

(1) 分组讨论，每组 4～5 人；

(2) 课内提供所需的硬件器件和基础代码。

6. 任务提交资料

(1) 综合实验报告，包含电路分析、任务分析、结果分析等。

(2) OLED 显示的实际编程代码。

(3) 项目分工、每个组员的贡献以及相关结果的证明材料，即与本任务相关的图片、视频，以及组员实际参与的编程或者测试的图片佐证等。

相 关 知 识

OLED 是一种有机发光半导体。在电场的作用下，空穴和电子会移动。当空穴和电子在发光层相遇时，它们可以激发发光分子并产生可见光。OLED 具有无背光、高对比度、薄厚度、节能和通信接口简单的特点。OLED 根据结构的不同可以分为单层器件、双层器件、三层器件和多层器件。根据发光材料的不同，OLED 可以分为有源和无源两种。根据材料的分子量的大小，OLED 可分为小分子 OLED 和聚合物 OLED。

本实验使用 0.96 英寸 OLED 和 IIC 接口。显示时应考虑初始化、显示位置、显示内容等。所选 OLED 的分辨率是 128 × 64，可以理解为 128 × 64 光点。如果使用 128 列 64 行的表格来描述 OLED，那么在表格中的某个位置放 1 表示“点”亮，放 0 表示“点”暗。事实上，它通常以字节为单位，因此八个空格对应一个字节。其寻址方式包括页面寻址、水平寻址和垂直寻址。

4.2 项 目 实 施

整体硬件线路连接及基础代码导入

本项目用到的 STM32 核心板和 OLED 模块均需要放置在底板上，底板为广州粤嵌通信科技股份有限公司定制，其电路如图 4-4 所示。

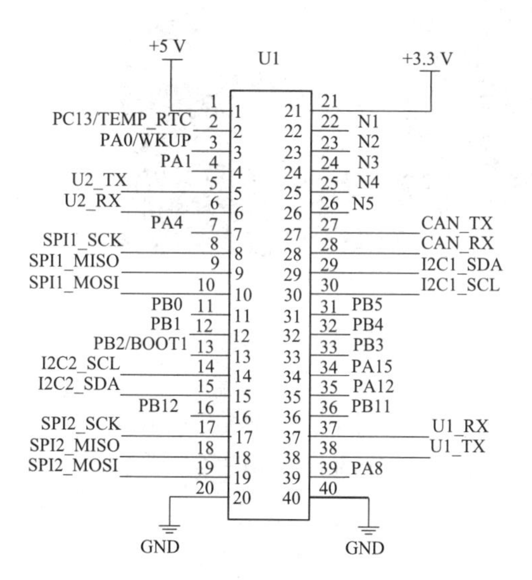

图 4-4　底板电路

定制的 4 块底板组合的大底板如图 4-5 所示。

图 4-5　定制的底板

随堂笔记

随堂笔记

整体硬件接线外观图如图 4-6 所示。

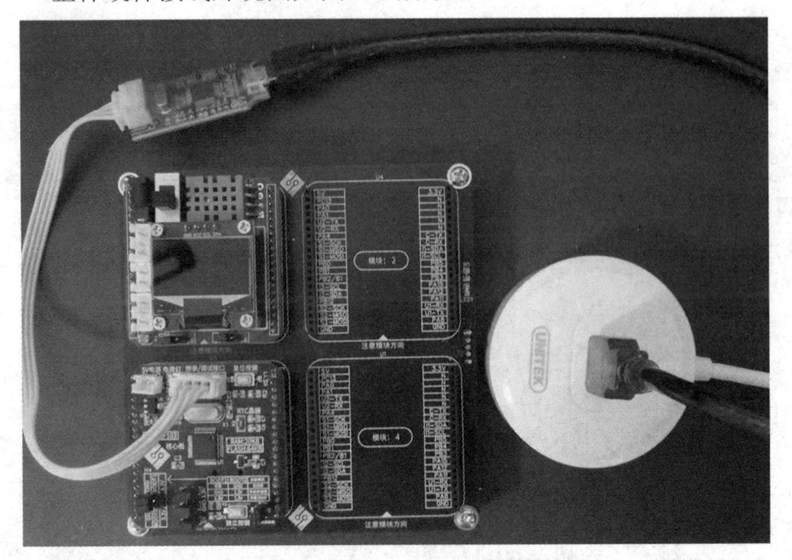

图 4-6　OLED 模块整体接线图

在 STM32CubeIDE 中创建一个工程，自定义工作空间的名称，导入基础项目代码“OLED.zip”。

首先需要打开一个工作空间，在工作空间中点击鼠标右键，选择 Import，或者在菜单栏中点击 File，选择 Import，如图 4-7 所示。

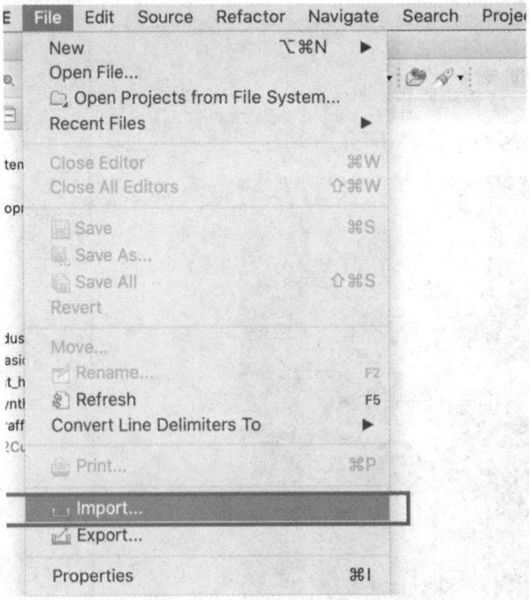

图 4-7　在文件中导入

在弹出的对话框中选择 Existing Projects into Workspace，然后点击 Next，如图 4-8 所示。

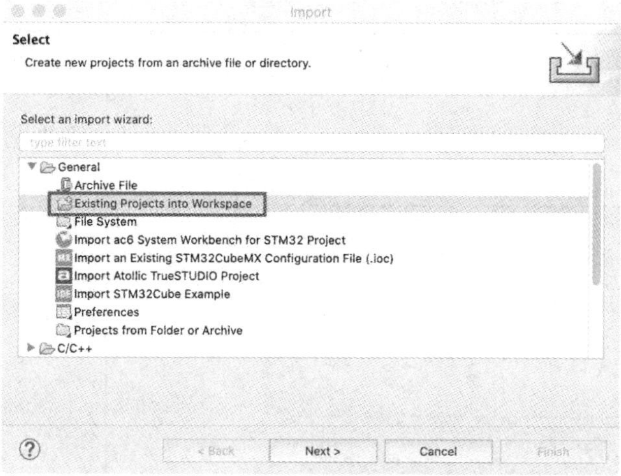

随堂笔记

图 4-8　选择 Existing Projects into Workspace

然后会出现一个导入工程的页面，此时会让我们选择导入的目录或者压缩包。当导入的工程为压缩包格式时，选择 Select archive file，然后点击 Browse，选择工程压缩包如图 4-9 所示。注意：压缩包应使用 STM32CubeIDE 所导出的压缩包。

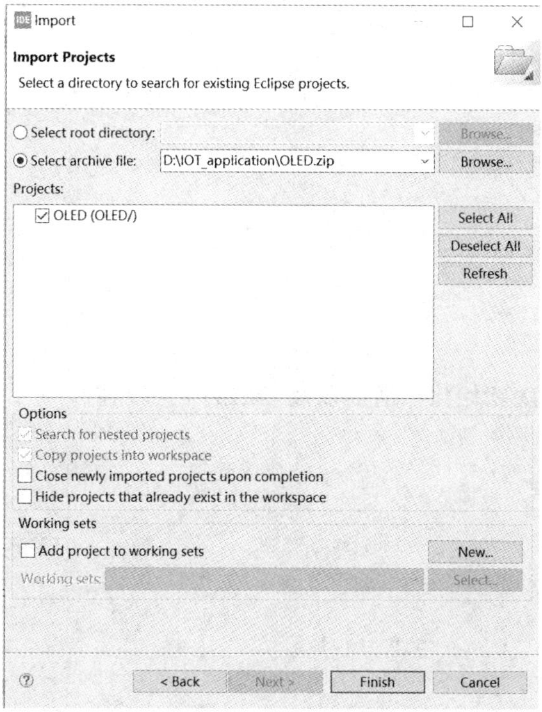

图 4-9　导入基础代码压缩包

点击 Finish 即可导入工程(注意：在同一个工作空间，不能有命名相同的工程文件)。

补 充 代 码

随堂笔记

展开项目代码，点开 main.c，在方框中添加 IIC 和字体的头文件 oled_iic.h 和 oledfont.h：

```
/* USER CODE END Header */
/* Includes ------------------------------------------------------------------*/
#include "main.h"
#include "i2c.h"
#include "gpio.h"

/* Private includes ----------------------------------------------------------*/
/* USER CODE BEGIN Includes */

/* USER CODE END Includes */

/* Private typedef -----------------------------------------------------------*/
/* USER CODE BEGIN PTD */

/* USER CODE END PTD */

/* Private define ------------------------------------------------------------*/
/* USER CODE BEGIN PD */
     /* USER CODE END PD */
```

在下面方框中添加 OLED 初始化、清屏以及 OLED 的显示内容：

```
int main(void)
{
  /* USER CODE BEGIN 1 */

  /* USER CODE END 1 */

  /* MCU Configuration--------------------------------------------------------*/
  /* Reset of all peripherals, Initializes the Flash interface and the Systick. */
```

随堂笔记

```
HAL_Init();

  /* USER CODE BEGIN Init */

  /* USER CODE END Init */

  /* Configure the system clock */
  SystemClock_Config();

  /* USER CODE BEGIN SysInit */

  /* USER CODE END SysInit */

  /* Initialize all configured peripherals */
  MX_GPIO_Init();
  MX_I2C2_Init();
  /* USER CODE BEGIN 2 */
//OLED初始化

//清屏

//OLED显示的内容

  /* USER CODE END 2 */

  /* Infinite loop */
  /* USER CODE BEGIN WHILE */
  while (1)
  {
    /* USER CODE END WHILE */

    /* USER CODE BEGIN 3 */
  }
```

随堂笔记

```
  /* USER CODE END 3 */
}
```

点开 oled_iic.c，添加 OLED 初始化代码：

```
#include "oled_iic.h"
#include "oledfont.h"
#include "main.h"
#include "delay.h"

void WriteCmd(uint8_t I2C_Command)//写命令
{
    HAL_I2C_Mem_Write(&hi2c2,OLED0561_ADD,COM,I2C_MEMADD_
SIZE _8BIT,&I2C_Command,1,100);
}

inline void WriteDat(uint8_t I2C_Data)//写数据
{
    HAL_I2C_Mem_Write(&hi2c2,OLED0561_ADD,DAT,I2C_MEMADD_
SIZE_8BIT,&I2C_Data,1,100);
}

void OLED_Init(void)
{

}
```

在下面方框中添加OLED唤醒和休眠：

```
void OLED_SetPos(uint8_t x, uint8_t y) //起始点坐标的设置
{
    WriteCmd(0xb0+y);
```

随堂笔记

```
    WriteCmd(((x&0xf0)>>4)|0x10);
    WriteCmd((x&0x0f)|0x01);
}

void OLED_Fill(uint8_t fill_Data)//OLED全屏填充
{
    uint8_t m,n;
    for(m=0;m<8;m++)
    {
        WriteCmd(0xb0+m);
        WriteCmd(0x00);
        WriteCmd(0x10);
        for(n=0;n<128;n++)
        {
            WriteDat(fill_Data);
        }
    }
}


inline void OLED_CLS(void)//OLED清屏
{
    OLED_Fill(0x00);
}
//OLED唤醒
void OLED_ON(void)
{
[                    ]
}
//OLED休眠
void OLED_OFF(void)
{
[                    ]
}
```

4.3 实验结果与分析

编译和执行文件的烧写

在补充完所有代码后，点击“Build All”完成编译，如果没有编译错误，则可以连接线路，然后使用 J-Link 烧写程序，运行“J-Flash Lite V7.50a”，选择对应的 bin 文件“OLED.bin”，并且把默认的烧写起始地址 0x00000000 改为 0x08000000。最后，按“Program Device”完成执行文件的烧写，如图 4-10 所示。

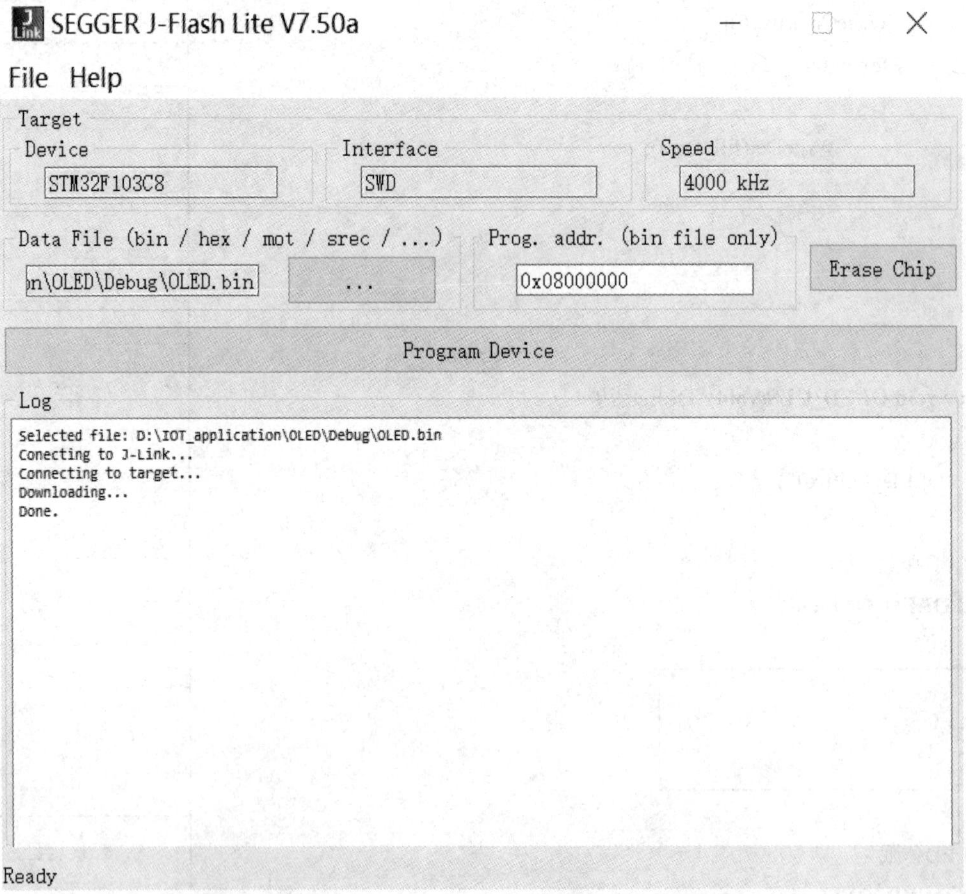

图 4-10　导入 bin 文件

结 果 和 分 析

程序烧写完成之后，需要在 STM32 核心板上按“复位按键”，OLED 的显示结果如图 4-11 所示。

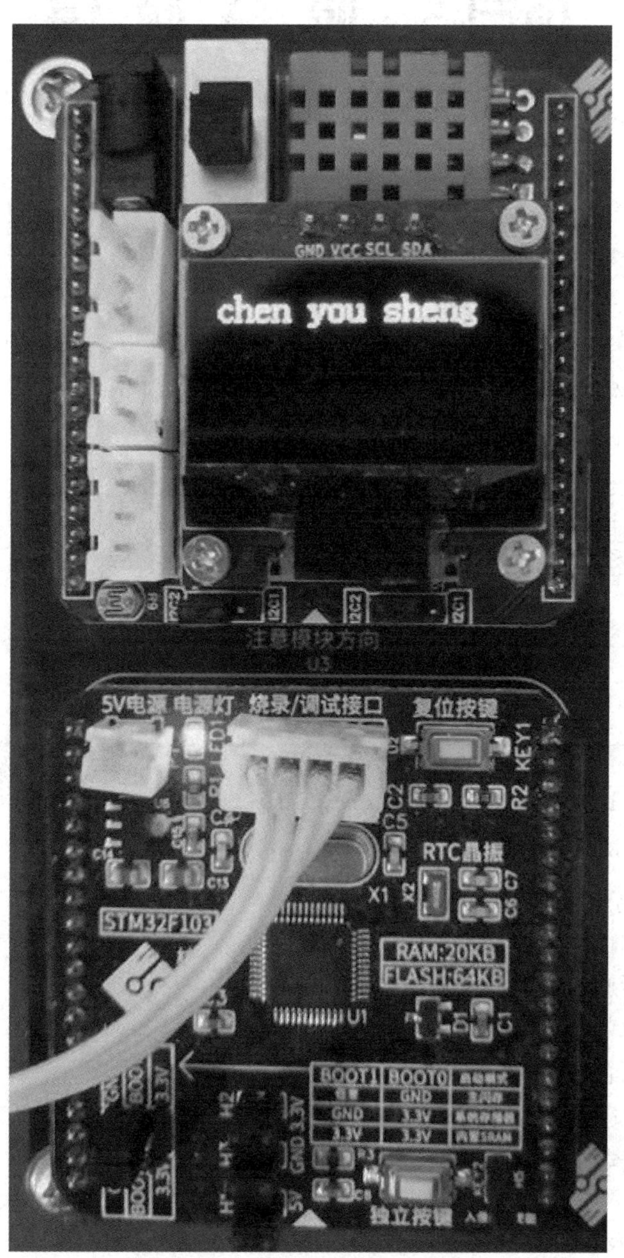

图 4-11　OLED 显示信息的结果

在代码里使用 OLED_ShowStr(0, 0, (uint8_t*)"chen you sheng", 2)，因此在图 4-11 里显示的信息是“chen you sheng”。

项目5 蓝牙通信

知识和技能目标：

(1) 了解蓝牙的原理和组成。

(2) 熟悉 AT 指令。

素质目标：

(1) 培养学生勤于思考的科学素养。

(2) 培养学生主动学习、乐于实践的能力。

5.1 任务说明

任务描述

1. 任务目标

通过本次任务，要求学生能够：

(1) 导入基础代码；

(2) 掌握蓝牙通信的原理；

(3) 编程实现蓝牙连接；

(4) 学会分工合作；

(5) 规范性地编写实验报告。

2. 任务内容要求

通过使用开发板，导入本项目的基础代码，然后编程补充代码，实现蓝牙通信连接。

3. 开发软件及工具

本项目使用的开发软件及工具：STM32CubeIDE、J-Flash Lite、蓝牙调试助手。

4. 实验器件

本项目使用的实验器件为蓝牙模块(见图 5-1)。

项目1　STM32外设及GPIO输出控制

一、思考与讨论

思　考　和　分　析
1. 如何使用STM32CubeMX完成一个项目的流程？ 2. STM32F103ZET6 芯片共有几个 GPIO的外设？分别如何命名？其一共对应多少个引脚？ 3. GPIO如何配置？

讨 论 与 提 高

1. 简要画出 STM32 与蜂鸣器连接的电路，标记出涉及的 GPIO 引脚。

2. 请总结完成本项目的经验和不足，并提出改进方案。

3. 如何改变蜂鸣器的发声信号的频率？

二、考核评价

实践项目	STM32 外设及 GPIO 输出控制						
实验开始时间				实验完成时间			
姓 名		班 级		学 号		组 号	
组员名单							
分工							
考核方式	过程考核(含理论知识、课堂表现、编程能力、操作能力、口头表达能力等)						
考核内容与评价标准							
序号	内 容	评价标准(对应位置直接打✔)					成绩比例/%
		优 (100 分)	良 (85 分)	中 (75 分)	合格 (60 分)	未完成 (0 分)	
1	理论知识掌握 (口头表达评价)						10
2	电路正确 接线和配置						10
3	编程代码的 质量						20
4	实践操作及结果 正确显示						30
5	工作作风和 团队协作						10
6	教师对所在组的 整体评分						20
合 计:　　　分							100

日期:

评　价　(STM32 外设及 GPIO 输出控制)	
本项目完成的任务清单	
学生自评	签字： 日期：
老师评价	签字： 日期：

项目2　数码管模拟显示温度

一、思考与讨论

思 考 和 分 析
1. 简要介绍 TM1650。 2. 说明 TM1650 的引脚及功能。

讨 论 与 提 高

1. 分析数码管驱动电路。

2. 请在源代码的基础上进行修改，让数码管显示 26.8。

二、考核评价

<table>
<tr><td colspan="2">实践项目</td><td colspan="6">数码管模拟显示温度</td></tr>
<tr><td colspan="4">实验开始时间</td><td colspan="4">实验完成时间</td></tr>
<tr><td colspan="4"></td><td colspan="4"></td></tr>
<tr><td colspan="2">姓 名</td><td colspan="2">班 级</td><td colspan="2">学 号</td><td colspan="2">组 号</td></tr>
<tr><td colspan="2"></td><td colspan="2"></td><td colspan="2"></td><td colspan="2"></td></tr>
<tr><td colspan="2">组员名单</td><td colspan="6"></td></tr>
<tr><td colspan="2">分工</td><td colspan="6"></td></tr>
<tr><td colspan="2">考核方式</td><td colspan="6">过程考核(含理论知识、课堂表现、编程能力、操作能力、口头表达能力等)</td></tr>
<tr><td colspan="8">考核内容与评价标准</td></tr>
<tr><td rowspan="2">序号</td><td rowspan="2">内 容</td><td colspan="5">评价标准(对应位置直接打✔)</td><td rowspan="2">成绩比例/%</td></tr>
<tr><td>优
(100 分)</td><td>良
(85 分)</td><td>中
(75 分)</td><td>合格
(60 分)</td><td>未完成
(0 分)</td></tr>
<tr><td>1</td><td>理论知识掌握
(口头表达评价)</td><td></td><td></td><td></td><td></td><td></td><td>10</td></tr>
<tr><td>2</td><td>电路正确
接线和配置</td><td></td><td></td><td></td><td></td><td></td><td>10</td></tr>
<tr><td>3</td><td>编程代码的
质量</td><td></td><td></td><td></td><td></td><td></td><td>20</td></tr>
<tr><td>4</td><td>实践操作及
结果正确显示</td><td></td><td></td><td></td><td></td><td></td><td>30</td></tr>
<tr><td>5</td><td>工作作风和
团队协作</td><td></td><td></td><td></td><td></td><td></td><td>10</td></tr>
<tr><td>6</td><td>教师对所在组的
整体评分</td><td></td><td></td><td></td><td></td><td></td><td>20</td></tr>
<tr><td colspan="7">合 计：　　　分</td><td>100</td></tr>
</table>

日期：

评　价　(数码管模拟显示温度)	
本项目完成的任务清单	
学生自评	签字： 日期：
老师评价	签字： 日期：

项目3　ADC按键控制蜂鸣器

一、思考与讨论

思 考 和 分 析
1. 简要分析ADC按键电路。   2. 结合代码分析蜂鸣器响和不响的原理。

讨 论 与 提 高

1. 总结 ADC 按键控制蜂鸣器。

2. 修改代码，实现按下按键 3 蜂鸣器响，按下按键 1 和按键 2 蜂鸣器不响。

二、考核评价

<table>
<tr><td colspan="2">实践项目</td><td colspan="7">ADC 按键控制蜂鸣器</td></tr>
<tr><td colspan="4">实验开始时间</td><td colspan="5">实验完成时间</td></tr>
<tr><td colspan="4"></td><td colspan="5"></td></tr>
<tr><td colspan="2">姓 名</td><td colspan="2">班 级</td><td colspan="3">学 号</td><td colspan="2">组 号</td></tr>
<tr><td colspan="2"></td><td colspan="2"></td><td colspan="3"></td><td colspan="2"></td></tr>
<tr><td colspan="2">组员名单</td><td colspan="7"></td></tr>
<tr><td colspan="2">分工</td><td colspan="7"></td></tr>
<tr><td colspan="2">考核方式</td><td colspan="7">过程考核(含理论知识、课堂表现、编程能力、操作能力、口头表达能力等)</td></tr>
<tr><td colspan="9">考核内容与评价标准</td></tr>
<tr><td rowspan="2">序号</td><td rowspan="2">内 容</td><td colspan="5">评价标准(对应位置直接打✔)</td><td rowspan="2" colspan="2">成绩比例/%</td></tr>
<tr><td>优
(100 分)</td><td>良
(85 分)</td><td>中
(75 分)</td><td>合格
(60 分)</td><td>未完成
(0 分)</td></tr>
<tr><td>1</td><td>理论知识掌握
(口头表达评价)</td><td></td><td></td><td></td><td></td><td></td><td colspan="2">10</td></tr>
<tr><td>2</td><td>电路正确
接线和配置</td><td></td><td></td><td></td><td></td><td></td><td colspan="2">10</td></tr>
<tr><td>3</td><td>编程代码的
质量</td><td></td><td></td><td></td><td></td><td></td><td colspan="2">20</td></tr>
<tr><td>4</td><td>实践操作及
结果正确显示</td><td></td><td></td><td></td><td></td><td></td><td colspan="2">30</td></tr>
<tr><td>5</td><td>工作作风和
团队协作</td><td></td><td></td><td></td><td></td><td></td><td colspan="2">10</td></tr>
<tr><td>6</td><td>教师对所在组的
整体评分</td><td></td><td></td><td></td><td></td><td></td><td colspan="2">20</td></tr>
<tr><td colspan="7">合 计：　　　分</td><td colspan="2">100</td></tr>
</table>

日期：

评　价　(ADC 按键控制蜂鸣器)	
本项目完成的任务清单	
学生自评	签字： 日期：
老师评价	签字： 日期：

项目4　OLED显示

一、思考与讨论

思考和分析
1. 简要总结 OLED 的发光原理。 2. 分析 128 × 64 的 OLED 的显示方法。

讨 论 与 提 高

1. 分析 OLED 电路。

2. 请在源代码的基础上修改，让 OLED 显示自己姓名的拼音。

二、考核评价

<table>
<tr><td colspan="2">实践项目</td><td colspan="6">OLED 显 示</td></tr>
<tr><td colspan="4">实验开始时间</td><td colspan="4">实验完成时间</td></tr>
<tr><td colspan="4"></td><td colspan="4"></td></tr>
<tr><td colspan="2">姓 名</td><td colspan="2">班 级</td><td colspan="2">学 号</td><td colspan="2">组 号</td></tr>
<tr><td colspan="2"></td><td colspan="2"></td><td colspan="2"></td><td colspan="2"></td></tr>
<tr><td colspan="2">组员名单</td><td colspan="6"></td></tr>
<tr><td colspan="2">分工</td><td colspan="6"></td></tr>
<tr><td colspan="2">考核方式</td><td colspan="6">过程考核(含理论知识、课堂表现、编程能力、操作能力、口头表达能力等)</td></tr>
<tr><td colspan="8">考核内容与评价标准</td></tr>
<tr><td rowspan="2">序号</td><td rowspan="2">内 容</td><td colspan="5">评价标准(对应位置直接打✔)</td><td rowspan="2">成绩比例/%</td></tr>
<tr><td>优
(100 分)</td><td>良
(85 分)</td><td>中
(75 分)</td><td>合格
(60 分)</td><td>未完成
(0 分)</td></tr>
<tr><td>1</td><td>理论知识掌握
(口头表达评价)</td><td></td><td></td><td></td><td></td><td></td><td>10</td></tr>
<tr><td>2</td><td>电路正确
接线和配置</td><td></td><td></td><td></td><td></td><td></td><td>10</td></tr>
<tr><td>3</td><td>编程代码的
质量</td><td></td><td></td><td></td><td></td><td></td><td>20</td></tr>
<tr><td>4</td><td>实践操作及
结果正确显示</td><td></td><td></td><td></td><td></td><td></td><td>30</td></tr>
<tr><td>5</td><td>工作作风和
团队协作</td><td></td><td></td><td></td><td></td><td></td><td>10</td></tr>
<tr><td>6</td><td>教师对所在组的
整体评分</td><td></td><td></td><td></td><td></td><td></td><td>20</td></tr>
<tr><td colspan="7">合 计：　　　分</td><td>100</td></tr>
</table>

日期：

评　价　(OLED 显示)	
本项目完成的任务清单	
学生自评	签字： 日期：
老师评价	签字： 日期：

项目5 蓝牙通信

一、思考与讨论

思考和分析
1. 简要说明蓝牙通信的原理。 2. 列举几种AT指令并解释功能。

讨 论 与 提 高

1. 分析蓝牙模块的电路。

2. 请在源代码的基础上进行修改，手机里搜索到的蓝牙名称为指定的名称(如姓名拼音或者学号)。

二、考核评价

<table>
<tr><td colspan="2">实践项目</td><td colspan="7">蓝 牙 通 信</td></tr>
<tr><td colspan="4">实验开始时间</td><td colspan="5">实验完成时间</td></tr>
<tr><td colspan="4"></td><td colspan="5"></td></tr>
<tr><td colspan="3">姓 名</td><td>班 级</td><td colspan="2">学 号</td><td colspan="3">组 号</td></tr>
<tr><td colspan="3"></td><td></td><td colspan="2"></td><td colspan="3"></td></tr>
<tr><td colspan="2">组员名单</td><td colspan="7"></td></tr>
<tr><td colspan="2">分工</td><td colspan="7"></td></tr>
<tr><td colspan="2">考核方式</td><td colspan="7">过程考核(含理论知识、课堂表现、编程能力、操作能力、口头表达能力等)</td></tr>
<tr><td colspan="9">考核内容与评价标准</td></tr>
<tr><td rowspan="2">序号</td><td rowspan="2">内 容</td><td colspan="6">评价标准(对应位置直接打✔)</td><td rowspan="2">成绩比例/%</td></tr>
<tr><td>优
(100 分)</td><td>良
(85 分)</td><td>中
(75 分)</td><td colspan="2">合格
(60 分)</td><td>未完成
(0 分)</td></tr>
<tr><td>1</td><td>理论知识掌握
(口头表达评价)</td><td></td><td></td><td></td><td colspan="2"></td><td></td><td>10</td></tr>
<tr><td>2</td><td>电路正确
接线和配置</td><td></td><td></td><td></td><td colspan="2"></td><td></td><td>10</td></tr>
<tr><td>3</td><td>编程代码的
质量</td><td></td><td></td><td></td><td colspan="2"></td><td></td><td>20</td></tr>
<tr><td>4</td><td>实践操作及
结果正确显示</td><td></td><td></td><td></td><td colspan="2"></td><td></td><td>30</td></tr>
<tr><td>5</td><td>工作作风和
团队协作</td><td></td><td></td><td></td><td colspan="2"></td><td></td><td>10</td></tr>
<tr><td>6</td><td>教师对所在组的
整体评分</td><td></td><td></td><td></td><td colspan="2"></td><td></td><td>20</td></tr>
<tr><td colspan="8">合 计：　　　分</td><td>100</td></tr>
</table>

日期：

评　价　(蓝牙通信)	
本项目完成的任务清单	
学生自评	签字： 日期：
老师评价	签字： 日期：

项目6 串口通信

一、思考与讨论

思考和分析

1. 简要说明串口通信的原理。

2. 什么是DMA？

讨论与提高

1. 分析串口模块的电路。

2. 请在源代码的基础上进行修改，在发送区里输入“abcd”，在接收区显示“ABCD”。

二、考核评价

<table>
<tr><td colspan="2">实践项目</td><td colspan="7">串 口 通 信</td></tr>
<tr><td colspan="4">实验开始时间</td><td colspan="5">实验完成时间</td></tr>
<tr><td colspan="4"></td><td colspan="5"></td></tr>
<tr><td colspan="2">姓 名</td><td colspan="2">班 级</td><td colspan="2">学 号</td><td colspan="3">组 号</td></tr>
<tr><td colspan="2"></td><td colspan="2"></td><td colspan="2"></td><td colspan="3"></td></tr>
<tr><td colspan="2">组员名单</td><td colspan="7"></td></tr>
<tr><td colspan="2">分工</td><td colspan="7"></td></tr>
<tr><td colspan="2">考核方式</td><td colspan="7">过程考核(含理论知识、课堂表现、编程能力、操作能力、口头表达能力等)</td></tr>
<tr><td colspan="9">考核内容与评价标准</td></tr>
<tr><td rowspan="2">序号</td><td rowspan="2">内 容</td><td colspan="5">评价标准(对应位置直接打✔)</td><td rowspan="2">成绩比例/%</td></tr>
<tr><td>优
(100 分)</td><td>良
(85 分)</td><td>中
(75 分)</td><td>合格
(60 分)</td><td>未完成
(0 分)</td></tr>
<tr><td>1</td><td>理论知识掌握
(口头表达评价)</td><td></td><td></td><td></td><td></td><td></td><td>10</td></tr>
<tr><td>2</td><td>电路正确
接线和配置</td><td></td><td></td><td></td><td></td><td></td><td>10</td></tr>
<tr><td>3</td><td>编程代码的
质量</td><td></td><td></td><td></td><td></td><td></td><td>20</td></tr>
<tr><td>4</td><td>实践操作及
结果正确显示</td><td></td><td></td><td></td><td></td><td></td><td>30</td></tr>
<tr><td>5</td><td>工作作风和
团队协作</td><td></td><td></td><td></td><td></td><td></td><td>10</td></tr>
<tr><td>6</td><td>教师对所在组的
整体评分</td><td></td><td></td><td></td><td></td><td></td><td>20</td></tr>
<tr><td colspan="7">合 计：　　　分</td><td>100</td></tr>
</table>

日期：

评　价　(串口通信)	
本项目完成的 任务清单	
学生自评	签字： 日期：
老师评价	签字： 日期：

项目7　Wi-Fi通信

一、思考与讨论

思 考 和 分 析
1. 简要说明 Wi-Fi 通信的原理。   2. 列举本任务用到的 AT 指令，并说明其含义。

讨论与提高

1. 分析 Wi-Fi 模块的电路。

2. 如何通过 PC 上串口调试助手发送自己的学号，并且使手机上网络调试工具可以正确接收到数据？

二、考核评价

实践项目	Wi-Fi 通 信						
实验开始时间				实验完成时间			
姓 名		班 级		学 号		组 号	
组员名单							
分工							
考核方式	过程考核(含理论知识、课堂表现、编程能力、操作能力、口头表达能力等)						
考核内容与评价标准							
序号	内 容	评价标准(对应位置直接打✔)					成绩比例/%
		优(100 分)	良(85 分)	中(75 分)	合格(60 分)	未完成(0 分)	
1	理论知识掌握(口头表达评价)						10
2	电路正确接线和配置						10
3	编程代码的质量						20
4	实践操作及结果正确显示						30
5	工作作风和团队协作						10
6	教师对所在组的整体评分						20
合 计：　　　分							100

评　价　(Wi-Fi 通信)	
本项目完成的 任务清单	
学生自评	签字： 日期：
老师评价	签字： 日期：

项目8　红 外 测 距

一、思考与讨论

思 考 和 分 析
简要说明红外测距的原理。

讨 论 与 提 高

1. 分析红外测距模块的电路。

2. 修改代码，让蜂鸣器发声对应的距离增大一倍。

二、考核评价

<table>
<tr><td>实践项目</td><td colspan="7">红 外 测 距</td></tr>
<tr><td colspan="4">实验开始时间</td><td colspan="4">实验完成时间</td></tr>
<tr><td colspan="4"></td><td colspan="4"></td></tr>
<tr><td colspan="2">姓 名</td><td colspan="2">班 级</td><td colspan="2">学 号</td><td colspan="2">组 号</td></tr>
<tr><td colspan="2"></td><td colspan="2"></td><td colspan="2"></td><td colspan="2"></td></tr>
<tr><td>组员名单</td><td colspan="7"></td></tr>
<tr><td>分工</td><td colspan="7"></td></tr>
<tr><td>考核方式</td><td colspan="7">过程考核(含理论知识、课堂表现、编程能力、操作能力、口头表达能力等)</td></tr>
<tr><td colspan="8">考核内容与评价标准</td></tr>
<tr><td rowspan="2">序号</td><td rowspan="2">内 容</td><td colspan="5">评价标准(对应位置直接打✔)</td><td rowspan="2">成绩比例/%</td></tr>
<tr><td>优
(100 分)</td><td>良
(85 分)</td><td>中
(75 分)</td><td>合格
(60 分)</td><td>未完成
(0 分)</td></tr>
<tr><td>1</td><td>理论知识掌握
(口头表达评价)</td><td></td><td></td><td></td><td></td><td></td><td>10</td></tr>
<tr><td>2</td><td>电路正确
接线和配置</td><td></td><td></td><td></td><td></td><td></td><td>10</td></tr>
<tr><td>3</td><td>编程代码的
质量</td><td></td><td></td><td></td><td></td><td></td><td>20</td></tr>
<tr><td>4</td><td>实践操作及
结果正确显示</td><td></td><td></td><td></td><td></td><td></td><td>30</td></tr>
<tr><td>5</td><td>工作作风和
团队协作</td><td></td><td></td><td></td><td></td><td></td><td>10</td></tr>
<tr><td>6</td><td>教师对所在组的
整体评分</td><td></td><td></td><td></td><td></td><td></td><td>20</td></tr>
<tr><td colspan="7">合 计：　　　分</td><td>100</td></tr>
</table>

日期：

评　价　(红外测距)	
本项目完成的任务清单	
学生自评	签字： 日期：
老师评价	签字： 日期：

项目9　智能实时测温

一、思考与讨论

思考和分析
简要说明红外测温的原理。

讨 论 与 提 高

1. 分析智能实时测温模块的电路。

2. 如何修改代码，可以实现摄氏温度的显示或者华氏温度的显示。

二、考核评价

实践项目	智能实时测温						
实验开始时间				实验完成时间			
姓 名		班 级		学 号		组 号	
组员名单							
分工							
考核方式	过程考核(含理论知识、课堂表现、编程能力、操作能力、口头表达能力等)						
考核内容与评价标准							
序号	内 容	评价标准(对应位置直接打✔)					成绩比例/%
		优(100 分)	良(85 分)	中(75 分)	合格(60 分)	未完成(0 分)	
1	理论知识掌握(口头表达评价)						10
2	电路正确接线和配置						10
3	编程代码的质量						20
4	实践操作及结果正确显示						30
5	工作作风和团队协作						10
6	教师对所在组的整体评分						20
合 计： 分							100

日期：

评　价 (智能实时测温)	
本项目完成的任务清单	
学生自评	签字： 日期：
老师评价	签字： 日期：

项目10 智能水泵

一、思考与讨论

思考和分析
简要说明蠕动泵的工作原理。

讨 论 与 提 高

1. 分析蠕动泵的电路特点以及与核心板的连接。

2. 请在源代码的基础上进行修改，让水泵每隔 10 秒改变一次状态。

二、考核评价

实践项目	智 能 水 泵						
实验开始时间				实验完成时间			
姓 名		班 级		学 号		组 号	
组员名单							
分工							
考核方式	过程考核(含理论知识、课堂表现、编程能力、操作能力、口头表达能力等)						
考核内容与评价标准							
序号	内 容	评价标准(对应位置直接打✔)					成绩比例/%
		优(100 分)	良(85 分)	中(75 分)	合格(60 分)	未完成(0 分)	
1	理论知识掌握(口头表达评价)						10
2	电路正确接线和配置						10
3	编程代码的质量						20
4	实践操作及结果正确显示						30
5	工作作风和团队协作						10
6	教师对所在组的整体评分						20
合 计： 分							100

日期：

评　价　(智能水泵)	
本项目完成的任务清单	
学生自评	签字： 日期：
老师评价	签字： 日期：

项目 11　土壤湿度采集

一、思考与讨论

思 考 和 分 析
简要说明土壤湿度采集的原理。

讨论与提高

分析土壤湿度采集电路的特点。

二、考核评价

<table>
<tr><td colspan="2">实践项目</td><td colspan="6">土壤湿度采集</td></tr>
<tr><td colspan="4">实验开始时间</td><td colspan="4">实验完成时间</td></tr>
<tr><td colspan="4"></td><td colspan="4"></td></tr>
<tr><td colspan="2">姓 名</td><td colspan="2">班 级</td><td colspan="2">学 号</td><td colspan="2">组 号</td></tr>
<tr><td colspan="2"></td><td colspan="2"></td><td colspan="2"></td><td colspan="2"></td></tr>
<tr><td colspan="2">组员名单</td><td colspan="6"></td></tr>
<tr><td colspan="2">分工</td><td colspan="6"></td></tr>
<tr><td colspan="2">考核方式</td><td colspan="6">过程考核(含理论知识、课堂表现、编程能力、操作能力、口头表达能力等)</td></tr>
<tr><td colspan="8">考核内容与评价标准</td></tr>
<tr><td rowspan="2">序号</td><td rowspan="2">内 容</td><td colspan="5">评价标准(对应位置直接打✔)</td><td rowspan="2">成绩比例/%</td></tr>
<tr><td>优
(100 分)</td><td>良
(85 分)</td><td>中
(75 分)</td><td>合格
(60 分)</td><td>未完成
(0 分)</td></tr>
<tr><td>1</td><td>理论知识掌握
(口头表达评价)</td><td></td><td></td><td></td><td></td><td></td><td>10</td></tr>
<tr><td>2</td><td>电路正确
接线和配置</td><td></td><td></td><td></td><td></td><td></td><td>10</td></tr>
<tr><td>3</td><td>编程代码的
质量</td><td></td><td></td><td></td><td></td><td></td><td>20</td></tr>
<tr><td>4</td><td>实践操作及
结果正确显示</td><td></td><td></td><td></td><td></td><td></td><td>30</td></tr>
<tr><td>5</td><td>工作作风和
团队协作</td><td></td><td></td><td></td><td></td><td></td><td>10</td></tr>
<tr><td>6</td><td>教师对所在组的
整体评分</td><td></td><td></td><td></td><td></td><td></td><td>20</td></tr>
<tr><td colspan="7">合 计：　　　分</td><td>100</td></tr>
</table>

日期：

评　价　(土壤湿度采集)	
本项目完成的任务清单	
学生自评	签字： 日期：
老师评价	签字： 日期：

项目 12　智慧农业综合项目

一、思考与讨论

思 考 和 分 析
简要说明智慧农业综合项目的各个模块的连接。

讨 论 与 提 高

1. 分析智慧农业综合项目电路的特点。

2. 进一步测试不同蓝牙指令对系统的控制和数据返回结果。

二、考核评价

实践项目	智慧农业综合项目						
实验开始时间				实验完成时间			
姓 名		班 级		学 号		组 号	
组员名单							
分工							
考核方式	过程考核(含理论知识、课堂表现、编程能力、操作能力、口头表达能力等)						
考核内容与评价标准							
序号	内 容	评价标准(对应位置直接打✔)					成绩比例/%
		优 (100 分)	良 (85 分)	中 (75 分)	合格 (60 分)	未完成 (0 分)	
1	理论知识掌握 (口头表达评价)						10
2	电路正确 接线和配置						10
3	编程代码的 质量						20
4	实践操作及 结果正确显示						30
5	工作作风和 团队协作						10
6	教师对所在组的 整体评分						20
合 计： 分							100

日期：

评　价　(智慧农业综合项目)	
本项目完成的任务清单	
学生自评	签字： 日期：
老师评价	签字： 日期：

图 5-1　蓝牙模块

蓝牙模块电路如图 5-2 所示。

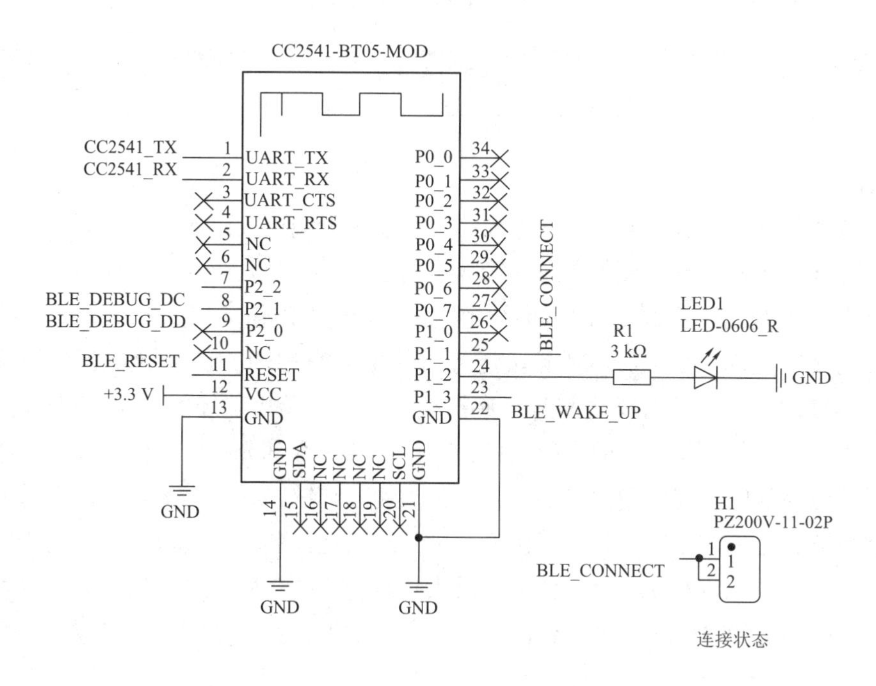

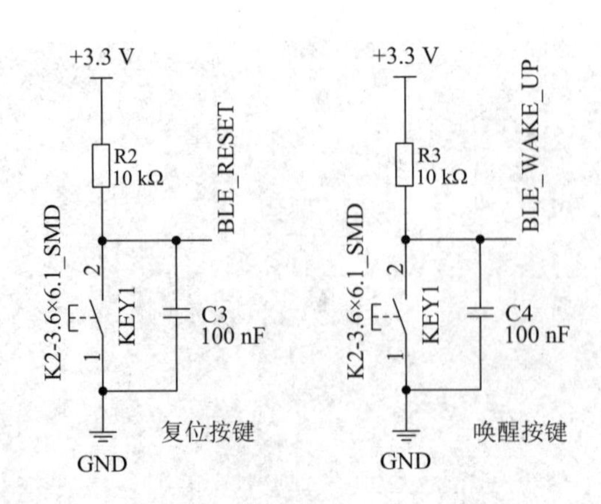

图 5-2　蓝牙电路

5. 任务实施要求

(1) 分组讨论，每组 4～5 人；

(2) 课内提供所需的硬件器件和基础代码。

6. 任务提交资料

(1) 综合实验报告，包含电路分析、任务分析、结果分析等。

(2) 蓝牙通信的实际编程代码。

(3) 项目分工、每个组员的贡献以及相关结果的证明材料，即与本任务相关的图片、视频，以及组员实际参与的编程或者测试的图片佐证等。

相 关 知 识

1. 蓝牙

蓝牙技术是一种开放的无线通信标准，旨在使用无线连接而非电缆。蓝牙是一种使用低功率无线电在各种 3C 设备之间传输数据的技术。它是开放式无线数据和语音通信的全球标准，也是用于在固定设备和移动设备之间建立通信环境的短距离无线技术连接技术。蓝牙在全球 2.4 GHz ISM 频段运行，并使用 IEEE802 11 协议。蓝牙模块可分为蓝牙数据模块、蓝牙语音模块和蓝牙遥控模块。本实验中选择的 E104-BT05 属于蓝牙数据模块，它是蓝牙从模块的串行端口。蓝牙包括三个部分：底层硬件模块、中间协议层和高层应用程序。底层硬件模块包括基带、跳频和链路管理；中间协议层主要包括服务发现协议、逻辑链路控制和适配协议、电话通信协议和串口模拟协议；高级应用包括文件传输、网络、LAN 访问等。蓝牙的最大传输速率为 1 Mb/s。全双工通信以时分方式进行，通信距离约 10 米。如果距离需要进一步增加，则需要配置功率放大器。蓝牙采用跳频技术，抵抗信号衰落；快速跳频和短分组技术可以减少同频干扰，提高通信安全性；采用前向纠错编码技术可以减少远程通信中的噪声干扰。

2. AT 指令

对于AT命令的发送，除了AT的两个字符外，它还可以接收最大长度为1056字符(包括最后一个空字符)。AT 命令以回车结束，响应或报告以回车结尾。每个 AT 命令行只能包含一条 AT 指令，报告的行中不允许有多条指令或响应。

本实验的一些 E104-BT05AT 说明如下：

AT+BAUD=[para]：波特率配置；

AT+STOPB=[para]：配置停止位；

AT+PARI=[para]：设置串口检查位(校验位)；

AT+ADVEN=[para]：广播设置；

AT+NAME=[para]：设置设备名称；

AT+DISCON：断开当前连接；

AT+CONSTA?：查询当前连接状态；

AT+MAC?：查询本地 MAC 地址；

AT+BONDMAC=[para]：设置绑定 MAC；

AT+UUIDTYPE=[para1]：设置 UUID 的长度；

AT+UUIDSVR=[para2]：设置蓝牙的服务 UUID；

AT+UUIDCHAR1=[para1]：设置蓝牙的读取服务 UUID；

AT+UUIDCHAR2=[para1]：设置蓝牙的写入服务 UUID；

AT+RESET：重新启动指令；

AT+RESTORE：恢复出厂设置；

AT+AUTH=[para]：认证空中配置密码；

AT+UPAUTH=[para]：更新空中配置密码；

AT+PWR=[para]：设置传输功率；

AT+DISCSLEEP=[para]：设置为在断开连接后进入睡眠模式。

5.2 项 目 实 施

整体硬件线路连接及基础代码导入

随堂笔记

本项目用到的 STM32 核心板和蓝牙模块均需要放置在底板上，底板为广州粤嵌通信科技股份有限公司定制，整体硬件接线外观图如图 5-3 所示。

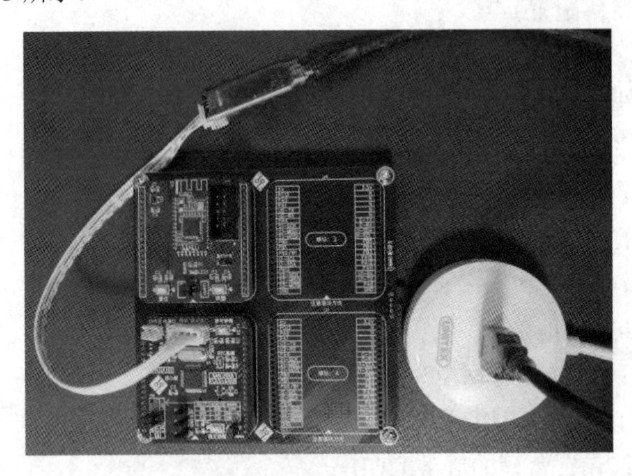

图 5-3　蓝牙模块整体接线图

在 STM32CubeIDE 中创建一个工程，自定义工作空间的名称，导入基础项目代码“BlueTooth.zip”。

首先需要打开一个工作空间，在工作空间中点击鼠标右键，选择 Import，或者在菜单栏中点击 File，选择 Import，如图 5-4 所示。

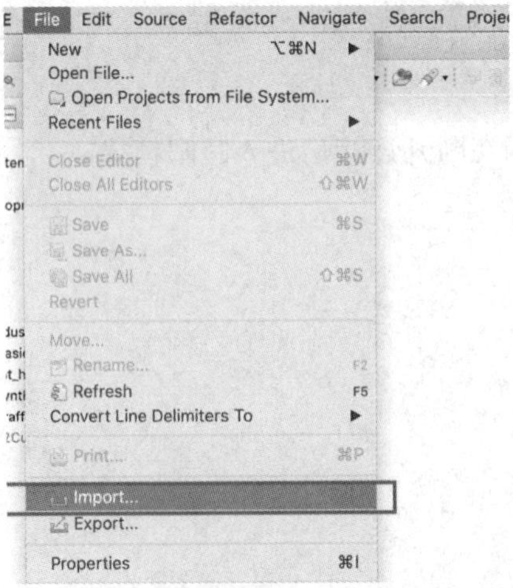

File　Edit　Source　Refactor　Navigate　Search　Proje
New　⌥⌘N
Open File...
Open Projects from File System...
Recent Files
Close Editor　⌘W
Close All Editors　⇧⌘W
Save　⌘S
Save As...
Save All　⇧⌘S
Revert
Move...
Rename...　F2
Refresh　F5
Convert Line Delimiters To
Print...　⌘P
Import...
Export...
Properties　⌘I

图 5-4　在文件中导入

随堂笔记

在弹出的对话框中选择 Existing Projects into Workspace，然后点击 Next，如图 5-5 所示。

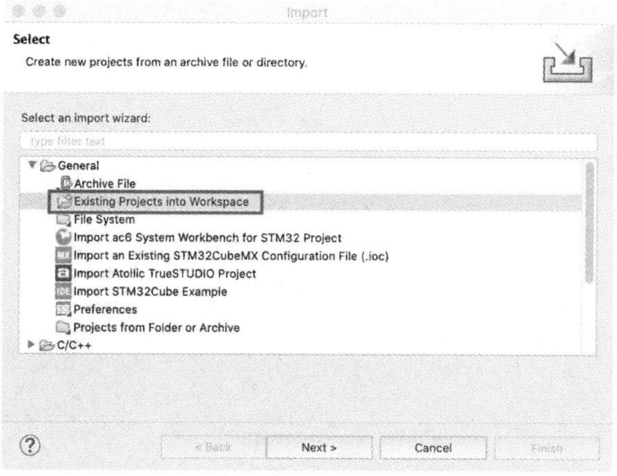

图 5-5　选择 Existing Projects into Workspace

然后会出现一个导入工程的页面，此时会让我们选择导入的目录或者压缩包。当导入的工程为压缩包格式时，选择 Select archive file，然后点击 Browse，选择工程压缩包如图 5-6 所示。注意：压缩包应使用 STM32CubeIDE 所导出的压缩包。

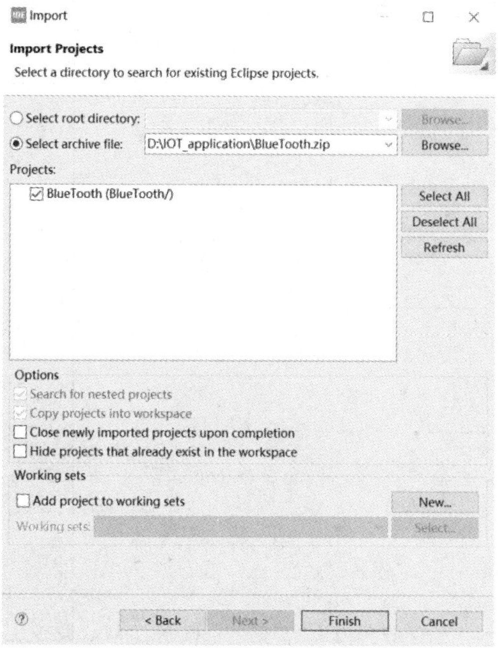

图 5-6　导入基础代码压缩包

点击 Finish 即可导入工程(注意：在同一个工作空间，不能有命名相同的工程文件)。

补 充 代 码

随堂笔记

展开项目代码，点击 main.c，在方框中补充所需的头文件 oled_iic.h、oledfont.h、bluetooth.h、stdio.h 和 string.h：

```
/* USER CODE END Header */
/* Includes ------------------------------------------------------------------*/
#include "main.h"
#include "adc.h"
#include "dma.h"
#include "i2c.h"
#include "usart.h"
#include "gpio.h"

/* Private includes ----------------------------------------------------------*/
/* USER CODE BEGIN Includes */
```

```
/* USER CODE END Includes */

/* Private typedef -----------------------------------------------------------*/
/* USER CODE BEGIN PTD */

/* USER CODE END PTD */
```

点开 bluetooth.c，在下面方框中添加初始化蓝牙模块、蓝牙发送函数、DMA 函数：

```
#include "bluetooth.h"
#include "string.h"
```

随堂笔记

```
uint8_t BLE_receive_buff[BUFF_SIZE_BLE_REC];
uint16_t BLE_receive_size;

uint8_t BLE_send_buff[BUFF_SIZE_BLE_SEND];
uint16_t BLE_send_size;

void BLE_Init() //初始化蓝牙模块
{
    //包括开启空闲中断和开启DMA接收
```

```
}

inline void BLE_send(uint8_t *message,uint16_t size)
{
    //串口发送数据至蓝牙，蓝牙传输数据至手机
```

```
}

void Judge_DMA_IDLE_BLE()//处理空闲中断的相关消息，将此函数放于中断中或者回调函数中
{
```

随堂笔记

```
    if(__HAL_UART_GET_FLAG(&UART_BLE, UART_FLAG_IDLE)!=
RESET) //判断是否为空闲中断
    {
        __HAL_UART_CLEAR_IDLEFLAG(&UART_BLE); //清除空闲中断
标志位
        HAL_UART_DMAStop(&UART_BLE); //停止接收数据
        BLE_receive_size = BUFF_SIZE_BLE_REC -
__HAL_DMA_GET_COUNTER(&UART_DMA_BLE_HANDLE);

        //处理接收的数据

        //再次开启接收

    }

}
```

添加处理蓝牙接收的数据的代码：

```
void Deal_Data_BLE()
{
    //处理蓝牙接收的数据

}
```

5.3　实验结果与分析

编译和执行文件的烧写

在补充完所有代码后，点击“Build All”完成编译，如果没有编译错误，则可以连接线路，然后使用J-Link烧写程序，运行“J-Flash Lite V7.50a”，选择对应的bin文件“BlueTooth.bin”，并且把默认的烧写起始地址0x00000000改为0x08000000。最后，按“Program Device”完成执行文件的烧写，如图5-7所示。

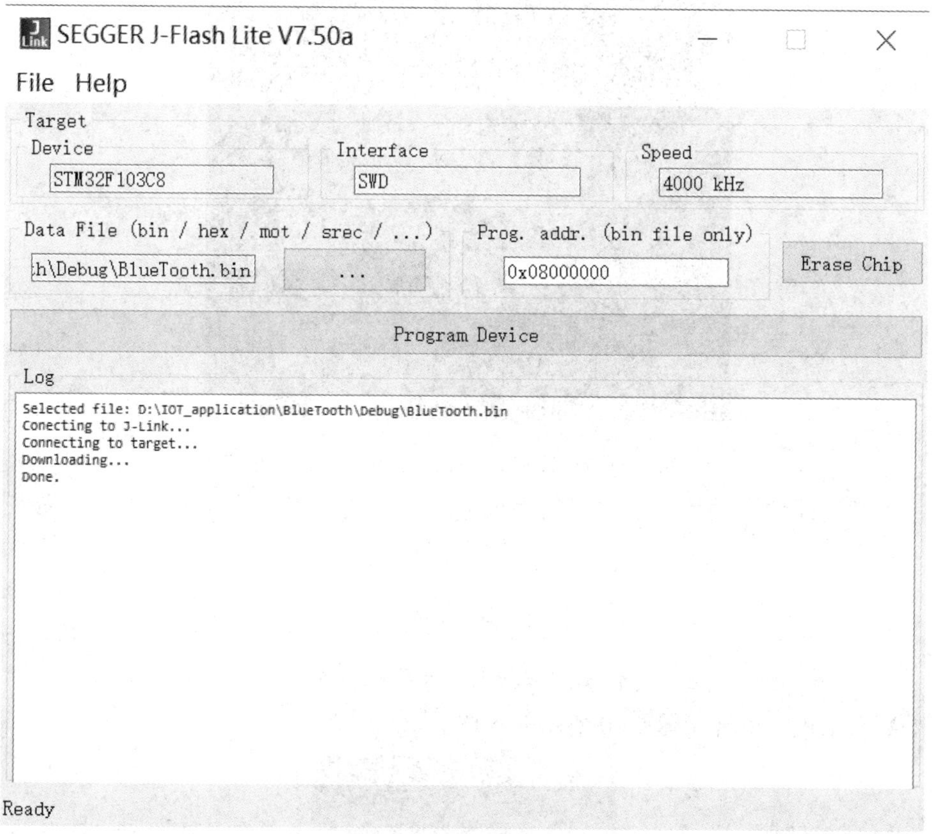

图5-7　导入bin文件

结 果 和 分 析

程序烧写完成之后，将蓝牙模块上的串口选择用跳线帽接到UART2的位置，供电后的效果如图5-8所示。

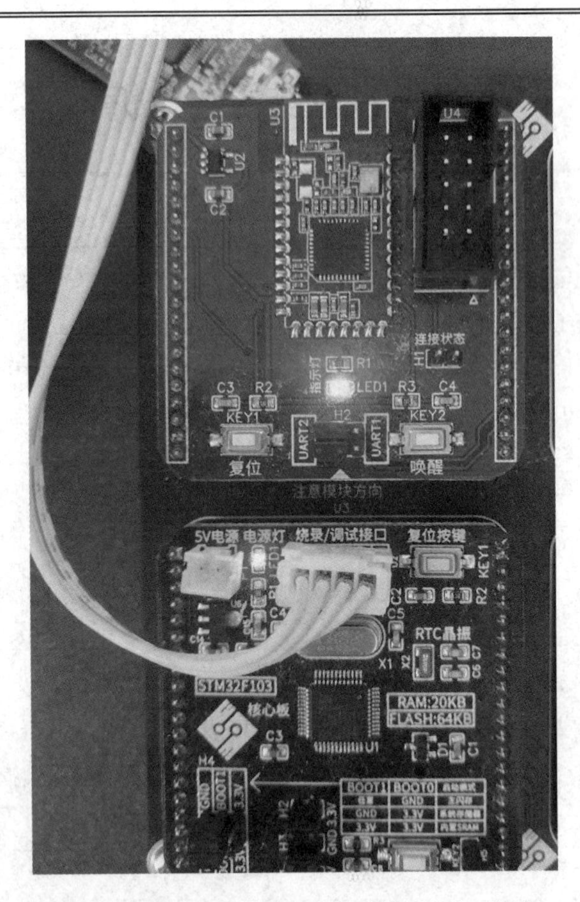

图 5-8　跳线帽接到 UART2，供电后的蓝牙模块

接着把蓝牙调试助手发到自己的手机上进行安装，该文件是.apk 格式，如图 5-9 所示。

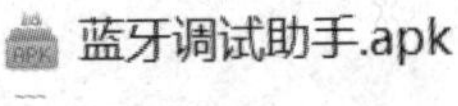

蓝牙调试助手.apk

图 5-9　蓝牙调试助手安装文件

安装后手机上出现如图 5-10 所示的图标。

图 5-10　蓝牙调试器

用手机蓝牙调试器 App 连接蓝牙模块。首先，打开手机蓝牙调试器 App，如图 5-11 所示。

图 5-11　打开蓝牙调试器搜索设备

然后，在蓝牙模块对应的设备型号(本设备是 MLT-BT05)点一下“+”进行连接，连接成功后的显示如图 5-12 所示。

图 5-12　连接蓝牙设备

连接成功切换到对话模式，如图 5-13 所示。

图 5-13　蓝牙调试助手的对话模式

然后在输入栏输入信息“chenyousheng”，如图 5-14 所示。

按发送以后，蓝牙调试助手中的窗口有返回信息“->chenyousheng”，如图 5-15 所示。

图 5-14　对话模式中输入信息

图 5-15　蓝牙模块成功接收到信息并返回信息

从图 5-15 中可以看到，蓝牙模块可以正确接收和返回目标数据，表明蓝牙硬件模块正确连接。

项目6　串 口 通 信

知识和技能目标：

(1) 了解串口通信的原理。

(2) 熟悉 TTL 和 RS-232。

素质目标：

培养学生不断突破、善于解决问题的能力。

6.1　任 务 说 明

任 务 描 述

1. 任务目标

通过本次任务，要求学生能够：

(1) 导入基础代码；

(2) 掌握串口通信的原理；

(3) 编程实现串口通信收发数据；

(4) 学会分工合作；

(5) 规范性地编写实验报告。

2. 任务内容要求

通过使用开发板，导入本项目的基础代码，然后编程补充代码，实现串口通信收发数据。

3. 开发软件及工具

本项目使用的开发软件及工具：STM32CubeIDE、J-Flash Lite、串口调试助手。

4. 实验器件

本项目使用的智能测温终端，其串口模块电路(CH340)如图 6-1 所示。

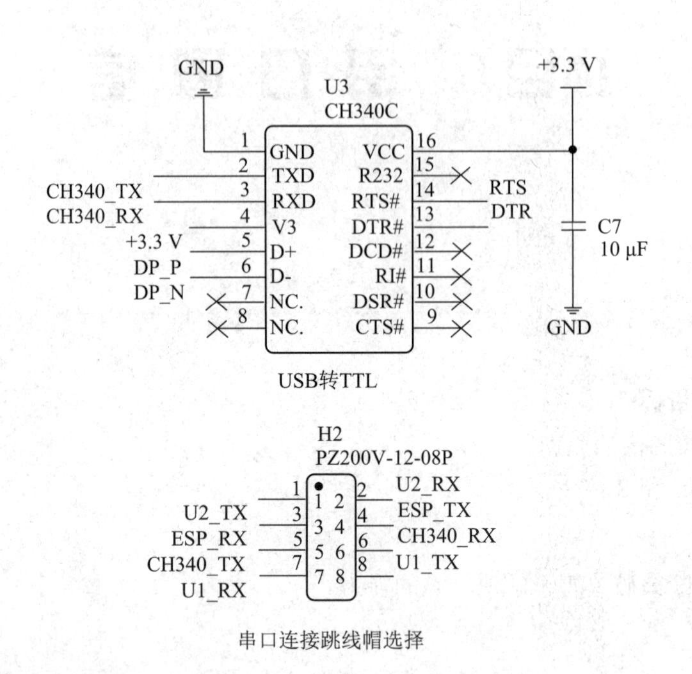

图 6-1　串口电路

由图 6-1 可以看到，USB 转 TTL 可连接到 STM32 的串口 1(需要通过跳线帽)。

5. 任务实施要求

(1) 分组讨论，每组 4～5 人；

(2) 课内提供所需的硬件器件和基础代码。

6. 任务提交资料

(1) 综合实验报告，包含电路分析、任务分析、结果分析等。

(2) 串口通信的实际编程代码。

(3) 项目分工、每个组员的贡献以及相关结果的证明材料，即与本任务相关的图片、视频，以及组员实际参与的编程或者测试的图片佐证等。

相 关 知 识

1. 串口通信

串口是一种串行通信接口标准，它规定了接口的电气标准。串行通信是指使用数据线逐位传输数据，每一位数据需要固定的时间长度。串行通信的特点是可使用电话网等现成设备，传输线少，远程传输成本低。缺点是数据传输控制比并行通信更复杂。串行通信简单方便，它只需要几行程序代码就可控制系统之间的信息交换，这是大多数电子设备支持的通信模式。它通常用于在调试设备中输出调试信息，特别是用于计算机之间以及计算机与外围设备之间的远程通信。

RS-232 和 RS-485 是常用的串行通信接口标准。其他接口标准还有 RS-232C、RS-422A 等。根据通信级别的不同，串行通信可分为 TTL 和串行 RS-232 两种方式。TTL 标准用 5 V 表示二进制逻辑 1，用 0 V 表示逻辑 0；RS-232 使用-15 V 表示逻辑 1，+15 V 表示逻辑 0。使用 RS-232 可以提高串行通信的远程传输和抗干扰能力。由于 TTL 和 RS-232 电平之间存差异，因此可通过转换芯片(如 MA3232 芯片)将 TTL 和 RS-232 电平的信号相互转换。两个通信设备之间的 RXD 和 TXD 需要交叉连接。连接时，请使用直通方式连接串行端口电缆。串行通信的数据包通过 TXD 接口从发送设备传输到接收设备的 RXD 接口。串行通信协议规定了数据包的内容，包括起始位、主数据、检查位和停止位。在正常发送和接收数据之前，发送设备和接收设备的数据包格式应一致。

2. DMA

本实验结合 DMA 和串行端口空闲中断来接收数据。DMA 的全名是 Direct Memory Access，它代表直接内存访问。DMA 控制器独立于核心，属于独立的外围设备。DMA 将复制的数据从一个地址空间传输到另一个地址空间。当 CPU 初始化传输操作后，传输操作本身由 DMA 控制器执行并完成。DMA 的功能是实现数据的直接传输，CPU 寄存器不需要参与传输过程。DMA 直接访问内存，可以大大减少 CPU 消耗，并为其他操作节省 CPU 资源。DMA 有 12 个独立的可编程通道，其中 DMA1 有 7 个通道，DMA2 有 5 个信道。每个通道对应于来自不同外围设备的 DMA 请求。同时，它一次只能接收来自一个外围设备的请求。DMA 主要涉及四种类型的数据传输：外设到内存、内存到外设、内存到内存和外设到外设。当外围设备通过 DMA 传输数据时，它首先需要向 DMA 控制器发送 DMA 请求。DMA 接收到请求信号后，控制器将向外围设备发送响应信号。在外围设备响应并且 DMA 控制器接收到响应信号后，它将开始 DMA 传输，直到传输完成。

6.2 项 目 实 施

基础代码导入	
在 STM32CubeIDE 中创建一个工程，自定义工作空间的名称，导入基础项目代码“Chuankou.zip”。 首先需要打开一个工作空间，在工作空间中点击鼠标右键，选择 Import，或者在菜单栏中点击 File，选择 Import，如图 6-2 所示。	随堂笔记

随堂笔记

File　Edit　Source　Refactor　Navigate　Search　Proje
New　⌥⌘N
Open File...
Open Projects from File System...
Recent Files
Close Editor　⌘W
Close All Editors　⇧⌘W
Save　⌘S
Save As...
Save All　⇧⌘S
Revert
Move...
Rename...　F2
Refresh　F5
Convert Line Delimiters To
Print...　⌘P
Import...
Export...
Properties　⌘I

图 6-2　在文件中导入

在弹出的对话框中选择 Existing Projects into Workspace，然后点击 Next，如图 6-3 所示。

Import
Select
Create new projects from an archive file or directory.
Select an import wizard:
type filter text
General
Archive File
Existing Projects into Workspace
File System
Import ac6 System Workbench for STM32 Project
Import an Existing STM32CubeMX Configuration File (.ioc)
Import Atollic TrueSTUDIO Project
Import STM32Cube Example
Preferences
Projects from Folder or Archive
C/C++
< Back　Next >　Cancel　Finish

图 6-3　选择 Existing Projects into Workspace

随堂笔记

然后会出现一个导入工程的页面，此时会让我们选择导入的目录或者压缩包。当导入的工程为压缩包格式时，选择 Select archive file，然后点击 Browse，选择工程压缩包如图 6-4 所示。注意：压缩包应使用 STM32CubeIDE 所导出的压缩包。

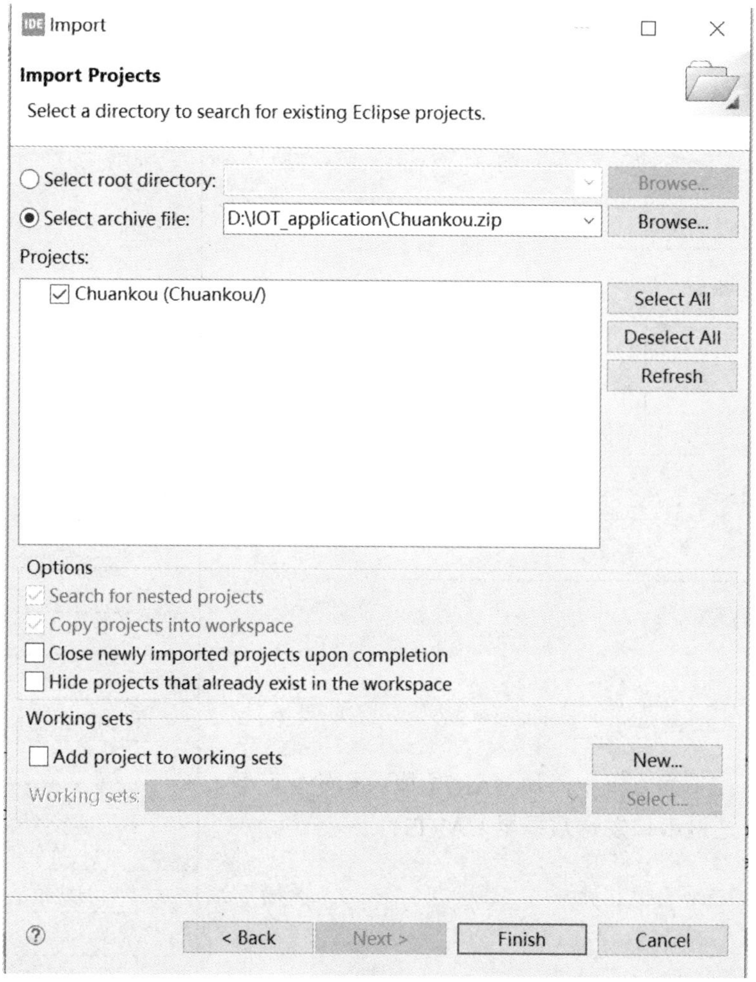

图 6-4 导入基础代码压缩包

点击 Finish 即可导入工程(注意：在同一个工作空间，不能有命名相同的工程文件)。

补 充 代 码

随堂笔记

展开项目代码，点开 main.c，在方框中补充所需的头文件 Chuankou.h：

```
/* USER CODE END Header */
/* Includes ------------------------------------------------------------------*/
#include "main.h"
#include "dma.h"
#include "usart.h"
#include "gpio.h"

/* Private includes
----------------------------------------------------------*/
/* USER CODE BEGIN Includes */

[                    ]

/* USER CODE END Includes */

/* Private typedef -----------------------------------------------------------*/
/* USER CODE BEGIN PTD */

/* USER CODE END PTD */
```

点开 Chuankou.c，在下面方框中添加 UART1 模块初始化函数，将串口中断打开，以及通过串口发送数据至 UART1：

```
#include "Chuankou.h"

uint8_t UART1_receive_buff[BUFF_SIZE_UART1_REC];
uint16_t UART1_receive_size;
uint8_t UART1_send_buff[BUFF_SIZE_UART1_SEND];
uint16_t UART1_send_size;

void UART1_Init()    //初始化
{
    //开启空闲中断
```

随堂笔记

```
    //开启DMA接收

inline void UART1_send(uint8_t *message,uint16_t size)
{
    //通过串口发送数据至UART1，UART1传输数据至手机

}
```

接着添加处理空闲中断相关消息

```
void Judge_DMA_IDLE_UART1()
{

}

void Deal_Data_UART1()  //处理数据
{

}
```

6.3 实验结果与分析

编译和执行文件的烧写

在补充完所有代码后，点击“Build All”完成编译，如果没有编译错误，则可以连接线路，然后使用 J-Link 烧写程序，运行“J-Flash Lite V7.50a”，选择对应的 bin 文件“Chuankou.bin”，并且把默认的烧写起始地址 0x00000000 改为 0x08000000。最后，按“Program Device”完成执行文件的烧写，如图 6-5 所示。

SEGGER J-Flash Lite V7.50a
File Help
Target
Device: STM32F103C8
Interface: SWD
Speed: 4000 kHz
Data File (bin / hex / mot / srec / ...)
:ou\Debug\Chuankou.bin
...
Prog. addr. (bin file only)
0x08000000
Erase Chip
Program Device
Log
Selected file: D:\IOT_application\Chuankou\Chuankou\Debug\Chuankou.bin
Conecting to J-Link...
Connecting to target...
Downloading...
Done.
Ready

图 6-5　导入 bin 文件

结果和分析

将程序烧写进去后需要用 USB 连接计算机和开发板(白色连接线)，如图 6-6 所示。

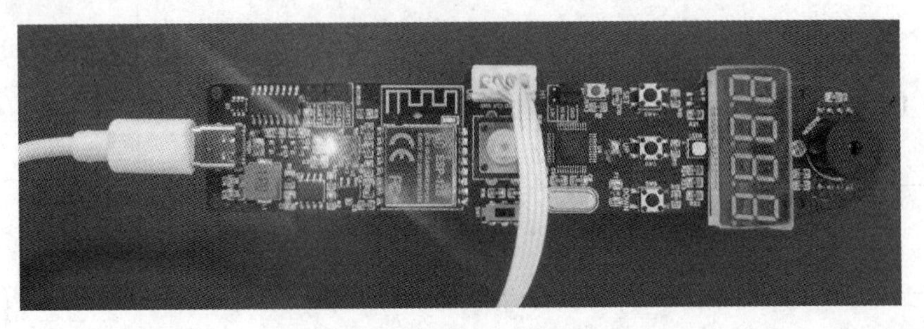

图 6-6　串口调试助手

打开串口调试助手，如图 6-7 所示。

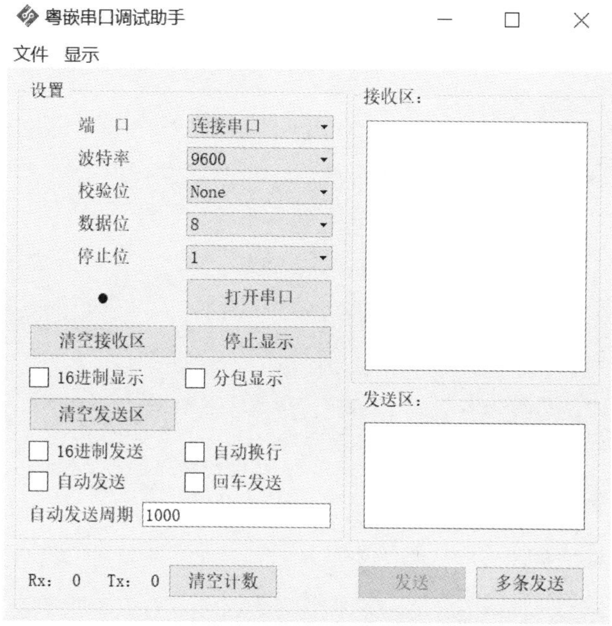

图 6-7　串口调试助手

在串口调试助手上选择对应的端口，波特率为 115 200，然后点击“打开串口”，如图 6-8 所示。

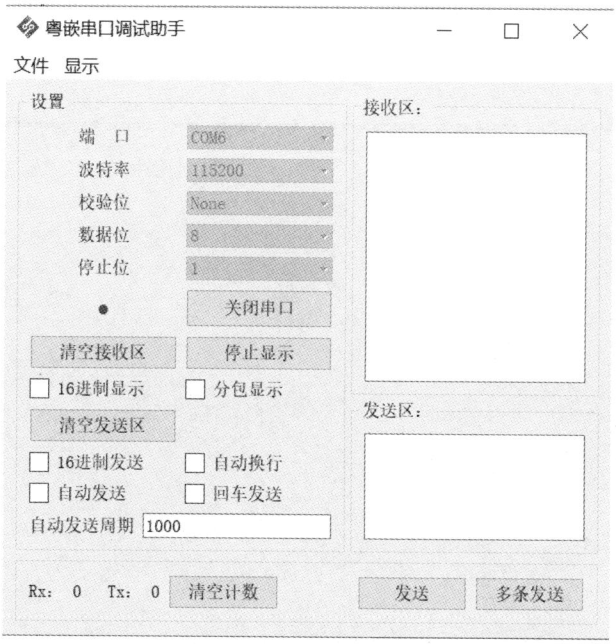

图 6-8　串口设置

在发送区输入“陈又圣”，在接收区也收到相应的信息，如图 6-9 所示。

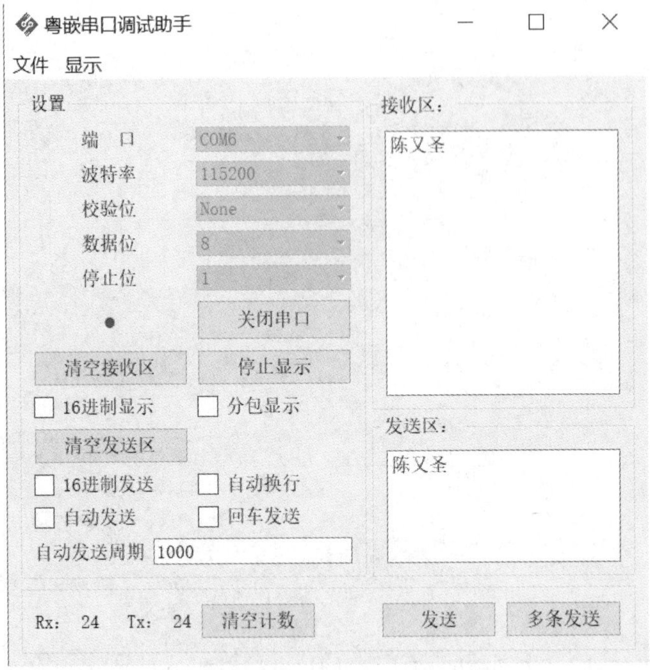

图 6-9　串口发送和接收数据

在图 6-9 中可以看到，通过串口调试数据观察串口通信的收发数据，系统可以获得正确数据。

项目 7　Wi-Fi 通 信

知识和技能目标：

(1) 了解 Wi-Fi 的原理和组成。

(2) 熟悉 AT 指令。

素质目标：

培养学生具有解决简单应用问题的程序设计能力。

7.1　任 务 说 明

任 务 描 述
1. 任务目标 通过本次任务，要求学生能够： (1) 导入基础代码； (2) 掌握 Wi-Fi 通信的原理； (3) 编程实现 Wi-Fi 连接； (4) 学会分工合作； (5) 规范性地编写实验报告。 2. 任务内容要求 通过使用开发板，导入本项目的基础代码，然后编程补充代码，实现串口和 Wi-Fi 通信。 3. 开发软件及工具 本项目使用的开发软件及工具为 STM32CubeIDE、J-Flash Lite、串口调试助手、TCP 调试工具。

4. 实验器件

本项目使用的实验器件为 Wi-Fi 模块(见图 7-1)。

图 7-1 Wi-Fi 模块

Wi-Fi 模块电路如图 7-2 所示。

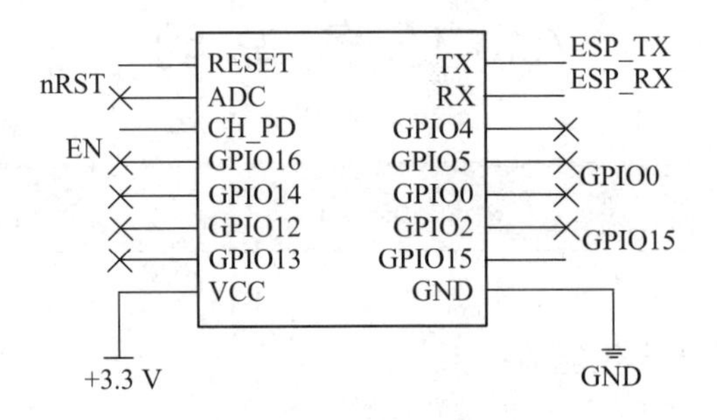

图 7-2 Wi-Fi 电路

5. 任务实施要求

(1) 分组讨论，每组 4～5 人；

(2) 课内提供所需的硬件器件和基础代码。

6. 任务提交资料

(1) 综合实验报告，包含电路分析、任务分析、结果分析等。

(2) Wi-Fi 通信的实际编程代码。

(3) 项目分工、每个组员的贡献以及相关结果的证明材料，即与本任务相关的图片、视频，以及组员实际参与的编程或者测试的图片佐证等。

相 关 知 识

1. Wi-Fi

Wi-Fi 是无线局域网的标准，通过无线电波连接，它首次出现于 20 世纪 70 年代。Wi-Fi 是无线保真度的缩写。在 WLAN 中，它指的是无线兼容性认证。本质上，Wi-Fi 是一种商业认证，属于短距离无线技术。Wi-Fi 因其传输速率高、传输距离长而得到广泛应用。主流 Wi-Fi 标准包括 802.11b、802.11g、802.11n、802.11ac 和 802.11ax，这些标准向后兼容。Wi-Fi 有两种网络结构：一对多模式和点对点模式。最常用的 Wi-Fi 是一对多结构，即一个 AP 和多个接入设备。常见的 Wi-Fi 加密包括 WEP、WPA 和 WPA2。WPA 是 WEP 的改进版本，包括 PSK 密钥和半径密钥，而 WPA2 加密是 WPA 加密的升级版本。WPA/WPA2 使用半径密钥，这被认为是业界最安全的加密方法。通用 Wi-Fi 是一种无线路由器。在无线路由器覆盖的有效范围内，其他设备可以使用 Wi-Fi 连接到网络。本实验项目采用 ESP-12S 模块。该模块的核心处理器 ESP8266 集成了 Tensilica L106 超低功耗 32 位微控制器，采用 16 位紧凑模式，支持 RTOS，主频为 80 MHz 和 160 MHz。

2. AT 指令

本实验的 AT 指令说明如下：

AT+RST：重新启动模块

AT+UART_DEF=<baudrate>,<databits>,<stopbits>,<parity>,<flow control>：uart 配置

AT+CWMODE_DEF=<mode>：设置 Wi-Fi 模式

AT+ CWJAP_DEF =<ssid>,<pwd>[,<bssid>]：连接 AP

AT+CWSAP_DEF=<ssid>,<pwd>,<chl>,<ecn>, <max conn>：配置 ESP8266 softAP 参数并将其保存到闪存

AT+CIPMUX=<mode>：设置多个连接

AT+ CIPSERVER=<mode>[,<port>]：建立 TCP 服务器

AT+CIPSTO=<time>：设置 TCP 服务器超时

AT+PING=<IP>：ping 功能

7.2 项 目 实 施

整体硬件线路连接及基础代码导入

本项目的整体硬件接线外观图可参考项目一。在 STM32CubeIDE 中创建一个工程，自定义工作空间的名称，导入基础项目代码“Wi-Fi.zip”。

首先需要打开一个工作空间，在工作空间中点击鼠标右键，选

随堂笔记

择 Import，或者在菜单栏中点击 File，选择 Import，如图 7-3 所示。

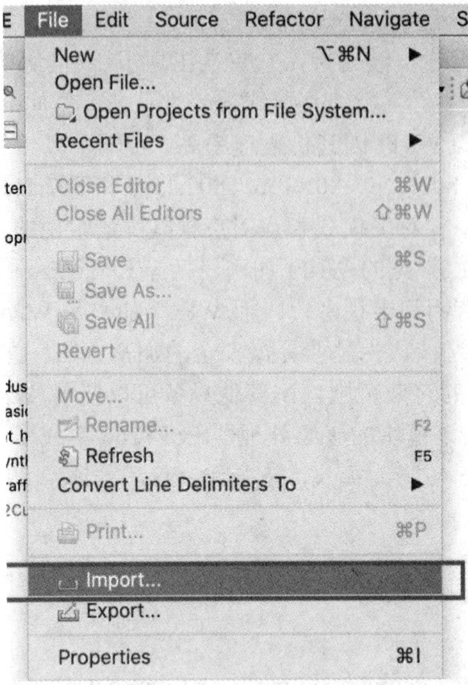

图 7-3　在文件中导入

在弹出的对话框中选择 Existing Projects into Workspace，然后点击 Next，如图 7-4 所示。

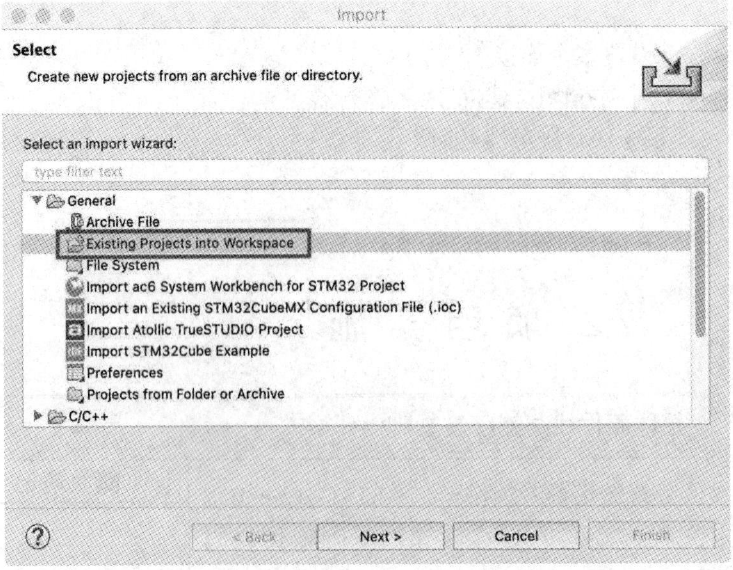

图 7-4　选择 Existing Projects into Workspace

随堂笔记

随堂笔记

然后会出现一个导入工程的页面，此时会让我们选择导入的目录或者压缩包。当导入的工程为压缩包格式时，选择 Select archive file，然后点击 Browse，选择工程压缩包如图 7-5 所示。注意：压缩包应使用 STM32CubeIDE 所导出的压缩包。

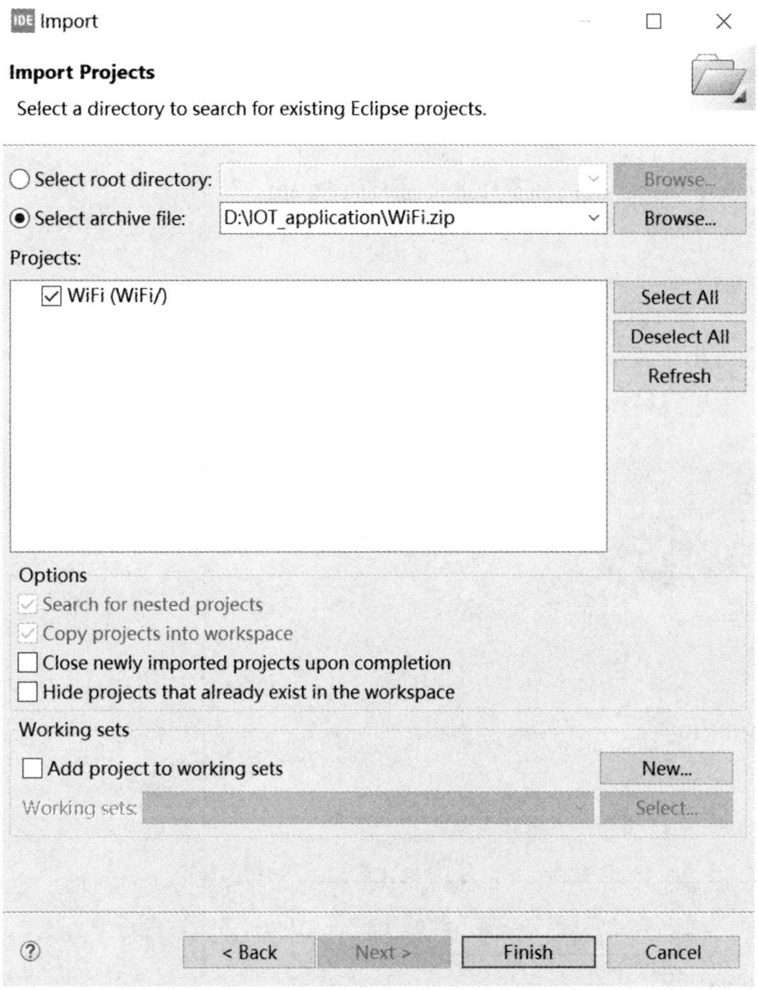

Import
Import Projects
Select a directory to search for existing Eclipse projects.
Select root directory: Browse...
Select archive file: D:\IOT_application\WiFi.zip Browse...
Projects:
WiFi (WiFi/)
Select All
Deselect All
Refresh
Options
Search for nested projects
Copy projects into workspace
Close newly imported projects upon completion
Hide projects that already exist in the workspace
Working sets
Add project to working sets New...
Working sets: Select...
< Back Next > Finish Cancel

图 7-5　导入基础代码压缩包

点击 Finish 即可导入工程(注意：在同一个工作空间，不能有命名相同的工程文件)。

补 充 代 码

展开项目代码，点开 ESP12S.h，在方框中补充所需的头文件 uart.h、stdio.h 和 string.h：

```
#ifndef INC_ESP12S_H_
#define INC_ESP12S_H_
[            ]

void CreatTcpServer(const char *Name, const char *Pass, const char *Port);

    #endif
```

点开 uart.h，在下面方框中添加所需的头文件 usart.h 和 string.h，以及串口的 DMA 操作句柄、U2 超时发送的最长时间：

```
#ifndef INC_UART_H_
#define INC_UART_H_
[            ]
extern DMA_HandleTypeDef
    hdma_usart1_rx;
extern DMA_HandleTypeDef
    hdma_usart2_rx;

#define UART_U1                              huart1
[            ]
#define UART_DMA_U1_HANDLE
    hdma_usart1_rx
#define UART_DMA_U2_HANDLE
    hdma_usart2_rx

#define TIME_OUT_U1                          100
[            ]
```

随堂笔记

随堂笔记

```
#define BUFF_SIZE_U1_REC                    64
#define BUFF_SIZE_U2_REC                    64
```

点开 ESP12S.c，在下面方框中添加测试 AT 指令以及等待 ESP12 模块响应、复位、创建 Wi-Fi、设置 Wi-Fi 模块 IP 地址的代码：

```
#include "ESP12S.h"
#include "main.h"

extern uint8_t U2_receive_buff [BUFF_SIZE_U1_REC];

void CreatTcpServer(const char *Name, const char *Pass, const char *Port)
{
    uint8_t buf[64];

[                                        ]  //测试AT指令
[                                                           ]
//等待ESP12模块响应

    HAL_Delay(500);
    U2_send((uint8_t *)"AT+CWMODE=2\r\n",13);
    while(!strstr((const char*)U2_receive_buff,(const char*)"OK"));

    HAL_Delay(500);
    [                                        ]  //复位
    HAL_Delay(2000);

    strcpy((char *)buf, "AT+CWSAP=\"");
    strcat((char *)buf, (const char*)Name);
    strcat((char *)buf, (const char*)"\",\"");
    strcat((char *)buf, (const char*)Pass);
    strcat((char *)buf, (const char*)"\",1,3\r\n");
```

随堂笔记

```
	HAL_Delay(500);

	//创建Wi-Fi
	memset(buf,0,sizeof(buf));
	while(!strstr((const char*)U2_receive_buff,(const char*)"OK"));

	HAL_Delay(500);

//设置Wi-Fi模块IP地址
	while(!strstr((const char*)U2_receive_buff,(const char*)"OK"));
```

点开 uart.c，在下面方框中添加串口模块的初始化指令，通过串口发送数据至 U1 指令，并将 U1 传输数据至手机

```
void USART_Init()    //串口模块的初始化
{

}
```

随堂笔记

```
/*
 *通过串口发送数据至U1，U1传输数据至手机
  */
inline void U1_send(uint8_t *message,uint16_t size)
{

}

inline void U2_send(uint8_t *message,uint16_t size)
{
    HAL_UART_Transmit(&UART_U2,message,size,TIME_OUT_U2);
}
```

点开 main.c，设置 Wi-Fi 名和密码：

```
int main(void)
{
  /* USER CODE BEGIN 1 */

  /* USER CODE END 1 */

  /* MCU Configuration--------------------------------------------------------*/

  /* Reset of all peripherals, Initializes the Flash interface and the Systick. */
  HAL_Init();

  /* USER CODE BEGIN Init */


  /* USER CODE END Init */
```

随堂笔记

```
/* Configure the system clock */
SystemClock_Config();

/* USER CODE BEGIN SysInit */

/* USER CODE END SysInit */

/* Initialize all configured peripherals */
MX_GPIO_Init();
MX_DMA_Init();
MX_USART1_UART_Init();
MX_USART2_UART_Init();
/* USER CODE BEGIN 2 */

/* USER CODE END 2 */

/* Infinite loop */
/* USER CODE BEGIN WHILE */

USART_Init();
HAL_Delay(1000);
```

```
while (1)
{
  /* USER CODE END WHILE */

  /* USER CODE BEGIN 3 */
}
/* USER CODE END 3 */
}
```

7.3　实验结果与分析

编译和执行文件的烧写

在补充完所有代码后，点击“Build All”完成编译，如果没有编译错误，则可以连接线路，然后使用 J-Link 烧写程序，运行“J-Flash Lite V7.50a”，选择对应的 bin 文件“WiFi.bin”，并且把默认的烧写起始地址 0x00000000 改为 0x08000000。最后，按“Program Device”完成执行文件的烧写，如图 7-6 所示。

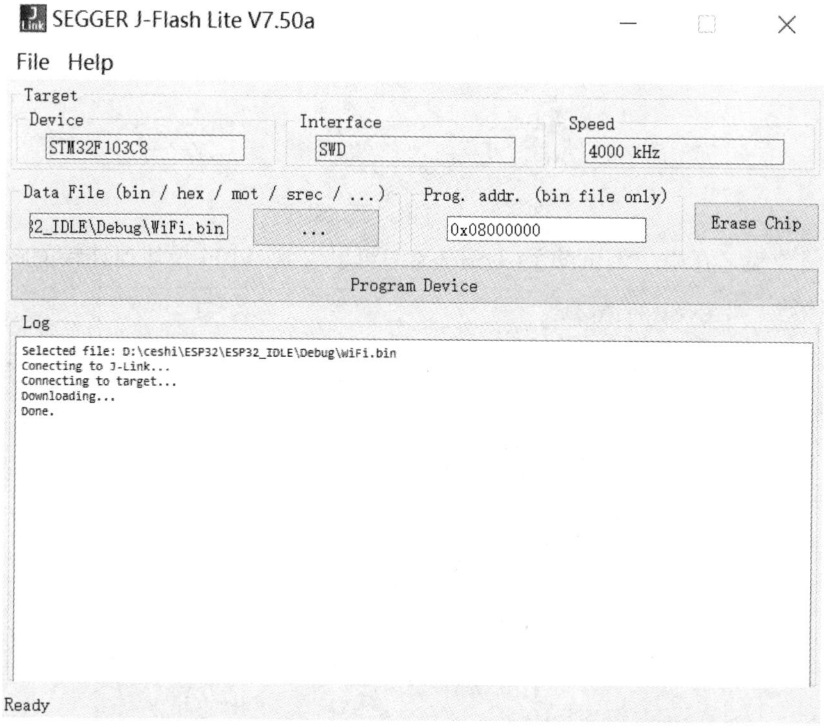

图 7-6　导入 bin 文件

结 果 和 分 析

程序烧写完成之后，打开串口调试助手，波特率选择 115 200，按“打开串口”，如图 7-7 所示。

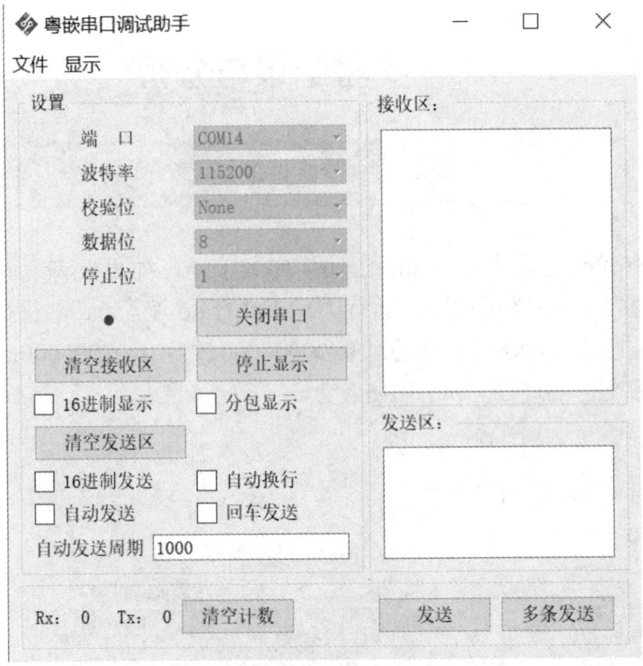

图 7-7　打开串口调试助手

按下复位键，在串口调试助手(见图 7-8)中可以看到 Wi-Fi 模块已连接的响应：

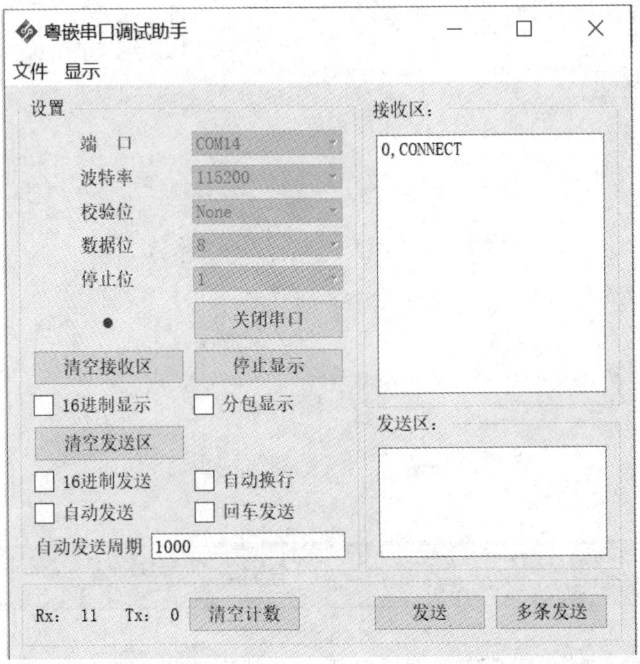

图 7-8　Wi-Fi 模块连接成功后的串口调试助手显示信息

在手机上安装 Wi-Fi 调试助手“网络调试工具.apk”，安装后手机新增快捷图标，如图 7-9 所示。

图 7-9　手机里安装的 Wi-Fi 调试助手

然后按照图 7-10 设置 Server 地址、端口、编码格式。

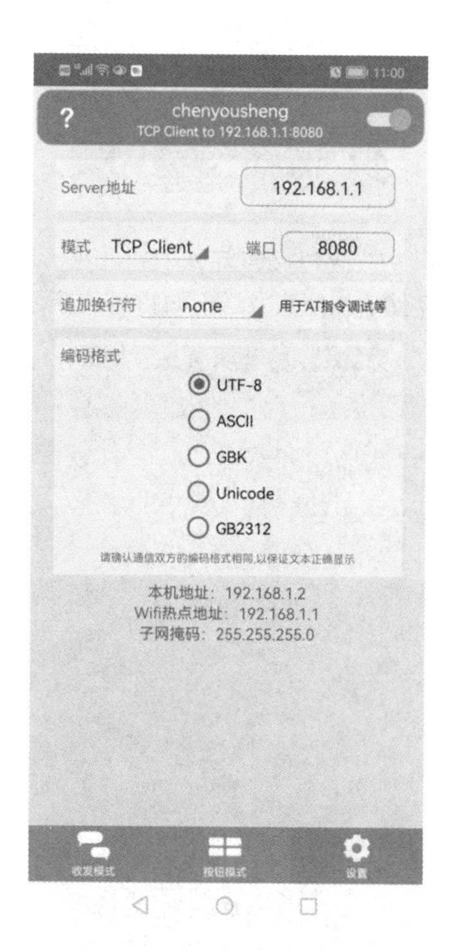

图 7-10　Wi-Fi 调试助手里的设置

连接成功后的界面如图 7-11 所示。

图 7-11 Wi-Fi 模块连接成功的手机显示

在手机里输入“chen”，然后按箭头发送，如图 7-12 所示。

图 7-12 在手机里输入待发送的信息并发送

在串口调试助手里获取来自手机的信息，如图 7-13 所示。

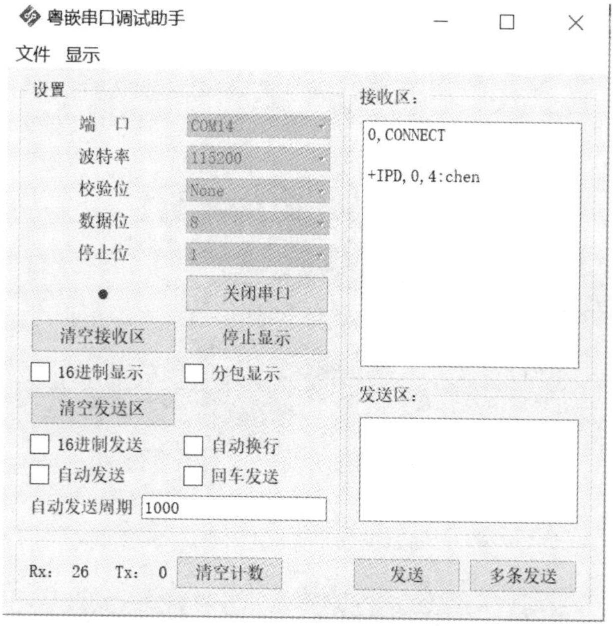

图 7-13　PC 上串口调试助手获取的 Wi-Fi 数据

PC 上串口调试助手也可以发送信息到手机上，发送数据前需要先发送指令“AT + CIPSEND = 0，<Length>\r\n AT”，其中< Length >为要发送的数据长度。例如，发送字符串“Yousheng”，数据长度是 8，因此需要发送指令“AT + CIPSEND = 0，8”，如图 7-14 所示。

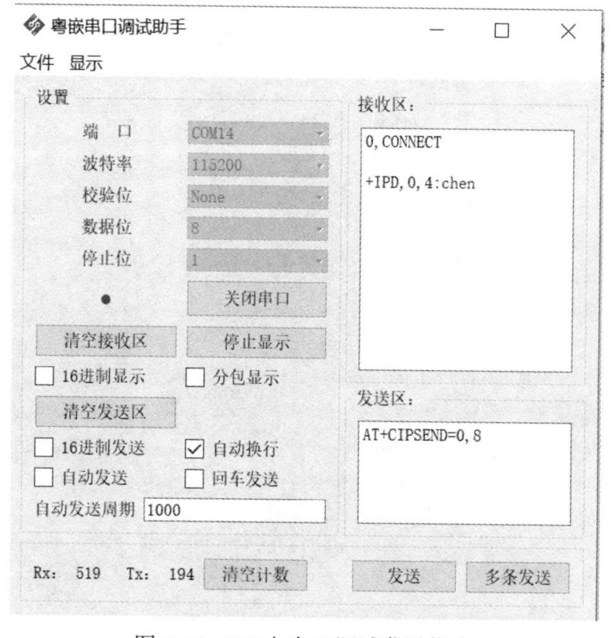

图 7-14　PC 上串口调试发送指令

按“发送”，成功后串口调试助手返回“OK”，如图 7-15 所示。

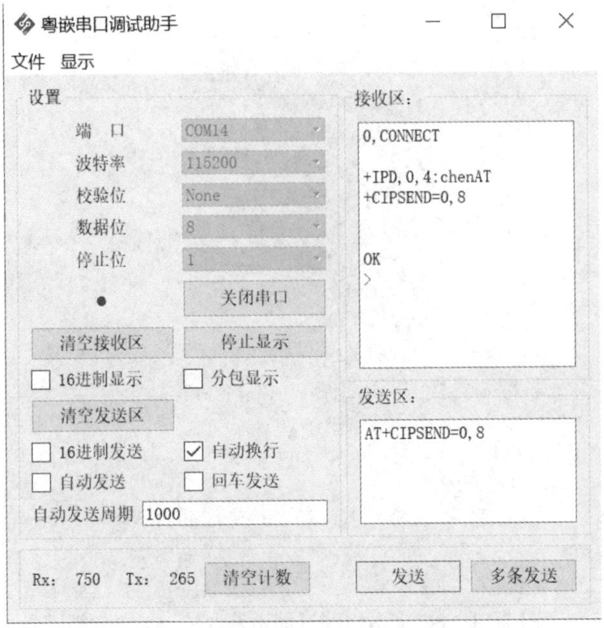

图 7-15　指令设置后串口调试助手的返回信息

然后在发送区里输入“Yousheng”，再按“发送”，成功后串口调试助手返回信息“SEND OK”，如图 7-16 所示。

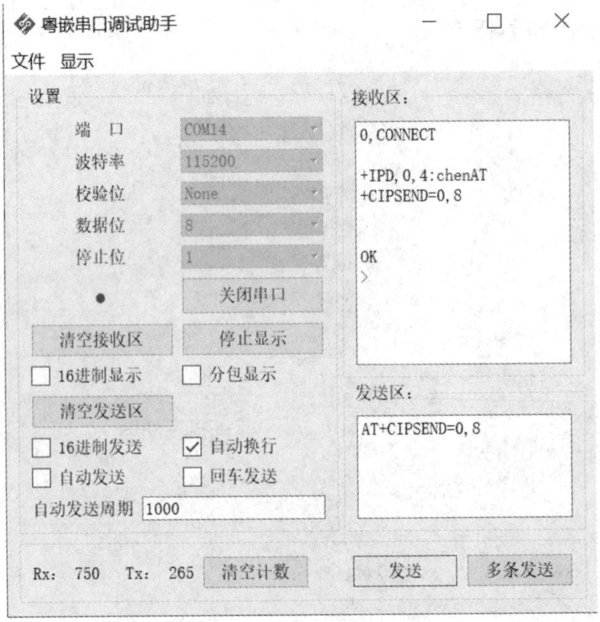

图 7-16　串口调试助手成功发送数据

串口调试助手成功发送数据后，手机上网络调试工具上可以接收到数据，如图 7-17 所示。

图 7-17　手机上网络调试工具接收到来自 PC 串口调试助手的数据

在图 7-17 中可以看到，Wi-Fi 模块可以正确地接收和返回目标数据，表明 Wi-Fi 硬件模块正确连接。

项目 8 红外测距

知识和技能目标：

(1) 了解红外线发射管和红外线接收管。
(2) 熟悉红外测距的原理。
(3) 能够编程实现红外测距。

素质目标：

(1) 培养学生综合分析问题的能力。
(2) 培养学生抽象思维和逻辑思维能力。

8.1 任务说明

任务描述
1. 任务目标 通过本次任务，要求学生能够： (1) 导入基础代码； (2) 掌握红外测距的原理； (3) 编程实现红外测距； (4) 学会分工合作； (5) 规范性地编写实验报告。 2. 任务内容要求 通过使用开发板，导入本项目的基础代码，然后编程补充代码，实现红外测距。 3. 开发软件及工具 本项目使用的开发软件及工具：STM32CubeIDE、J-Flash Lite。

4. 实验器件

本项目使用的实验器件为红外测距模块(见图 8-1)。

图 8-1　红外测距模块

红外测距模块电路如图 8-2 所示。

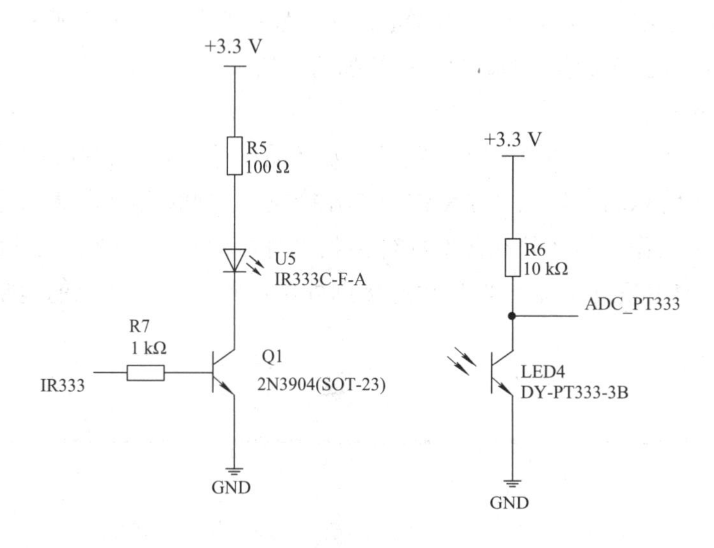

图 8-2　红外测距电路

5. 任务实施要求

(1) 分组讨论，每组 4～5 人；

(2) 课内提供所需的硬件器件和基础代码。

6. 任务提交资料

(1) 综合实验报告，包含电路分析、任务分析、结果分析等。

(2) 红外测距的实际编程代码。

(3) 项目分工、每个组员的贡献以及相关结果的证明材料，即与本任务相关的图片、视频，以及组员实际参与的编程或者测试的图片佐证等。

相 关 知 识

1. 红外线

人眼可以看到红色、橙色、黄色、绿色、蓝色、紫色和其他可见光。红光波长范围为 0.62～0.76 μm 长于红光的光称为红外光或红外光。红外线的波长介于可见光和微波之间，具体为 0.76 μm～1 mm 红外测距具有非接触、抗干扰能力强、信息传输可靠、功耗低、成本低、易于实现等显著优点。

2. 红外线发射管

红外发射管是由红外发光二极管组成的发光体，其结构和原理与普通发光二极管类似。在 LED 封装行业中，红外发射管有 850 nm、875 nm 和 940 nm 三种常见波段，主要由砷化镓、砷化铟等材料制成，并用树脂外包装。由于树脂封装耐高温性能较差，在电路焊接时，焊点应远离引脚根部。此外，焊接过程中的温度也应控制在较低的范围内。红外发射管发射的红外线强度随着电流的增加而增加。

3. 红外线接收管

红外接收管用于接收和感测红外发射管发送的信号。它与红外发射管一起使用。其核心部件是由特殊材料制成的 PN 结。红外接收管的 PN 结面积大，电极面积小。它在反向电压下工作。当红外线照射红外接收管时，红外线携带的能量使 PN 结产生电子-空穴对并产生反向电流。当负载连接到外部电路时，负载上的电信号强度随光线而变化。

8.2 项 目 实 施

整体硬件线路连接及基础代码导入

随堂笔记

本项目的整体硬件接线外观图可参照项目一。在 STM32CubeIDE 中创建一个工程，工作空间命名自定义，导入基础项目代码“Distance.zip”。

首先需要打开一个工作空间，在工作空间中右键选择 Import，或者在菜单栏中点击 File，选择 Import，如图 8-3 所示。

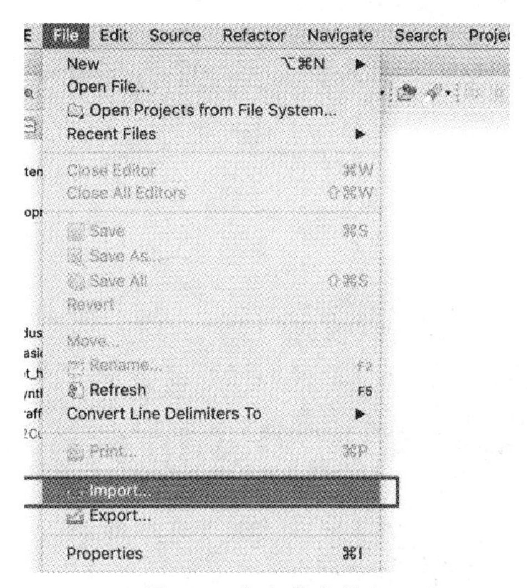

图 8-3　在文件中导入

在弹出的对话框中选择 Existing Projects into Workspace，然后点击 Next，如图 8-4 所示。

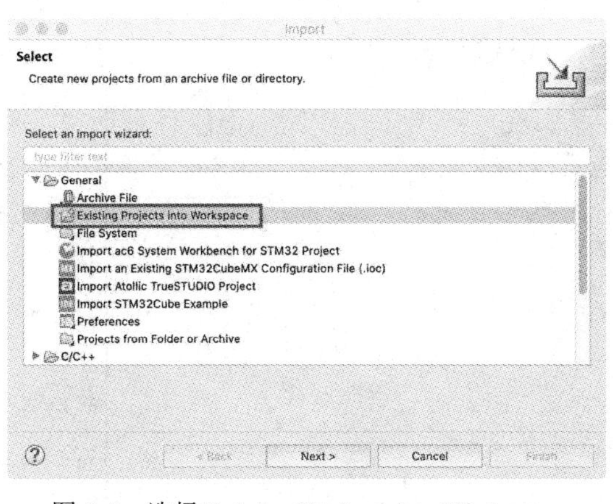

图 8-4　选择 Existing Projects into Workspace

随堂笔记

然后会出现一个导入工程的页面，此时会让我们选择导入的目录或者压缩包。当导入的工程为压缩包格式时，选择 Select archive file，然后点击 Browse，选择工程压缩包如图 8-5 所示。注意：压缩包应使用 STM32CubeIDE 所导出的压缩包。

Import

Import Projects

Select a directory to search for existing Eclipse projects.

Select root directory:　Browse...

Select archive file: D:\IOT_application\Distance.zip　Browse...

Projects:

Distance (Distance/)

Select All

Deselect All

Refresh

Options

Search for nested projects

Copy projects into workspace

Close newly imported projects upon completion

Hide projects that already exist in the workspace

Working sets

Add project to working sets　New...

Working sets:　Select...

< Back　Next >　Finish　Cancel

图 8-5　导入基础代码压缩包

点击 Finish 即可导入工程(注意：在同一个工作空间，不能有命名相同的工程文件)。

补充代码

展开项目代码，点开 main.c，在方框中添加相关的定义。

```
/* USER CODE END Header */
/* Includes ------------------------------------------------------------------*/
#include "main.h"
#include "adc.h"
#include "gpio.h"

/* Private includes ----------------------------------------------------------*/
/* USER CODE BEGIN Includes */

/* USER CODE END Includes */

/* Private typedef -----------------------------------------------------------*/
/* USER CODE BEGIN PTD */

/* USER CODE END PTD */

/* Private define ------------------------------------------------------------*/
/* USER CODE BEGIN PD */

//用BEEP_ON表示蜂鸣器响
#define BEEP_ON
```

```
//用BEEP_OFF表示蜂鸣器停止响
#define BEEP_OFF
```

```
//用IR333_LED_ON表示开启红外发射
```

随堂笔记

随堂笔记

```
#define   IR333_LED_ON
```

//用IR333_LED_OFF表示关闭红外发射

```
#define   IR333_LED_OFF

/* USER CODE END PD */
```

添加到达指定探测距离的检测及蜂鸣器响的代码(距离自定义，例如3000)：

```
/* USER CODE END 2 */

  /* Infinite loop */
  /* USER CODE BEGIN WHILE */
  while (1)
  {
        HAL_ADC_Start(&hadc1);
        HAL_Delay(10);
        adc_value = HAL_ADC_GetValue(&hadc1);      //获取ADC转换值
//到达指定探测距离

    /* USER CODE END WHILE */

        /* USER CODE BEGIN 3 */
```

8.3 实验结果与分析

编译和执行文件的烧写

在补充完所有代码后，点击“Build All”完成编译，如果没有编译错误，则可以连接线路，然后使用 J-Link 烧写程序，运行“J-Flash Lite V7.50a”，选择对应的 bin 文件“Distance.bin”，并且把默认的烧写起始地址 0x00000000 改为 0x08000000。最后，按“Program Device”完成执行文件的烧写，如图 8-6 所示。

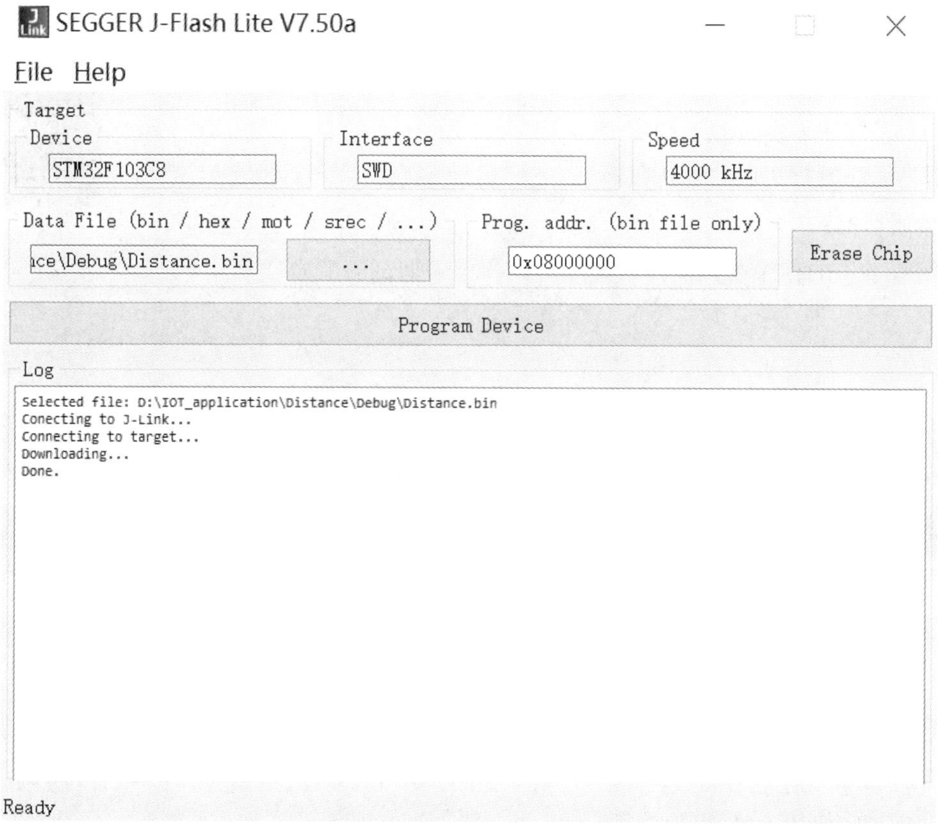

图 8-6 导入 bin 文件

结 果 和 分 析

程序烧写完成之后，用手或其他物体靠近测温终端上的红外探头，蜂鸣器响；测温终端红外探头无遮挡，则蜂鸣器不响。

经过实测，当距离低于 10.7 厘米时，蜂鸣器会响；距离超过 10.7 厘米，蜂鸣器停止响。

项目 9　智能实时测温

知识和技能目标：

(1) 了解智能实时测温的原理。

(2) 能够编程实现智能实时测温。

素质目标：

培养学生的程序设计能力、程序阅读和程序调试的能力。

9.1 任务说明

任务描述
1. 任务目标 通过本次任务，要求学生能够： (1) 导入基础代码； (2) 掌握智能实时测温的原理； (3) 编程实现智能实时测温； (4) 学会分工合作； (5) 规范性地编写实验报告。 2. 任务内容要求 通过使用开发板，导入本项目的基础代码，然后编程补充代码，实现智能实时测温。 3. 开发软件及工具 本项目使用的开发软件及工具：STM32CubeIDE、J-Flash Lite。 4. 实验器件 本项目使用的实验器件为 MLX90614 模块(见图 9-1)。

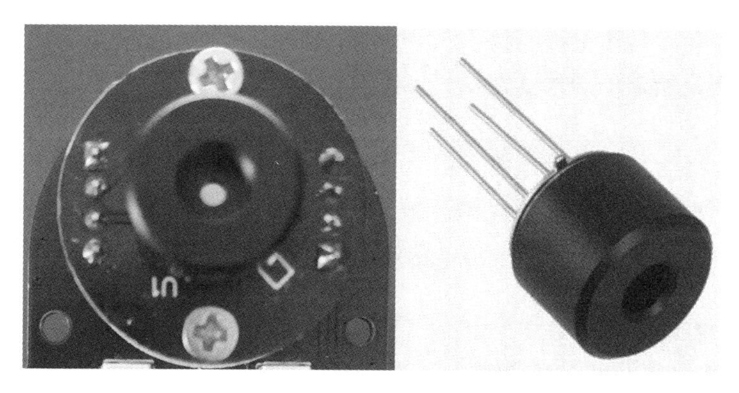

图 9-1　MLX90614 模块

智能实时测温模块电路如图 9-2 所示。

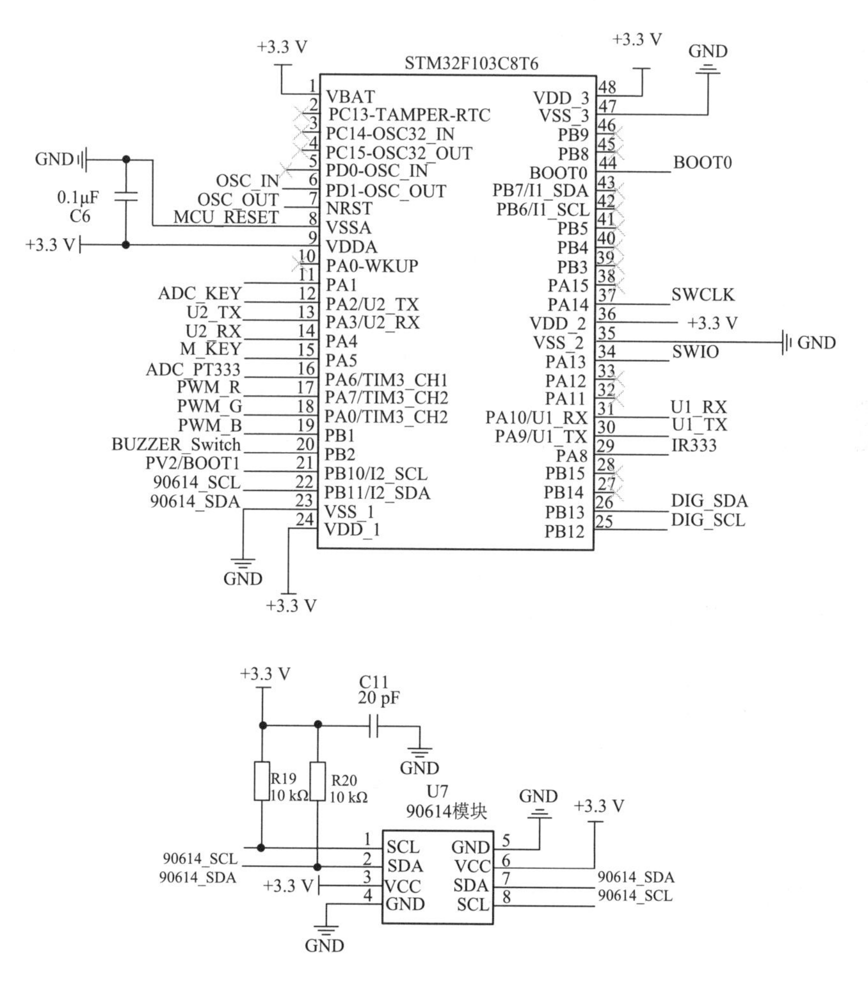

图 9-2　智能实时测温电路

5. 任务实施要求

(1) 分组讨论，每组 4～5 人；

(2) 课内提供所需的硬件器件和基础代码。

6. 任务提交资料

(1) 综合实验报告，包含电路分析、任务分析、结果分析等。

(2) 智能实时测温的实际编程代码。

(3) 项目分工、每个组员的贡献以及相关结果的证明材料，即与本任务相关的图片、视频，以及组员实际参与的编程或者测试的图片佐证等。

相 关 知 识

1. 红外测温原理

红外测温是通过测量物体自身的红外辐射来测量物体的表面温度。物体的红外能量辐射聚焦在光电探测器上，并转换为电信号。电信号经过校正和算法处理后，通过放大器和信号处理电路转换为被测物体的温度值。在本实验中，红外热电堆传感器输出的温度信号通过运算放大器放大，通过模/数转换器转换为 17 位数字信号，然后通过可编程低通数字滤波器进行处理。输出结果存储在其内部 RAM 存储单元中。

2. MLX90614 测温模块

MLX90614 是一种红外非接触式温度计。内部状态机控制对象温度和环境温度的测量和计算，并以 PWM 或 SMBus 模式输出结果(默认情况下为 SMBus 方式输出)，分辨率为 0.14℃。它集成了低噪声放大器、17 位模/数转换器和信号处理单元，可以实现高精度和高分辨率的温度测量。MLX90614 有两个红外传感器，因此可以同时测量相应的环境温度 Ta 和物体温度 To。使用存储在 RAM 地址中的数据，可以通过以下公式获得环境温度 Ta 和测量对象温度数据 To。

$$Ta = RAM(006H) \times 0.02 - 273.15$$

$$To = RAM(007H) \times 0.02 - 273.15$$

MLX90614 中 E2PROM 存储单元的地址为 000H～01FH，可以通过 SMBus 读取，但只能重写一些寄存器，包括：

Tomax：测量对象的温度上限设置；

Tomin：测量对象温度下限设置；

PWMCTRL：PWM 控制；

Ta 范围：环境温度范围；

发射率校准系数：范围在 0.1～1 之间；

Config Register1：配置寄存器；

SMBus 地址：设备地址设置。

9.2 项 目 实 施

整体硬件线路连接及基础代码导入

随堂笔记

本项目的整体硬件接线外观图如图 9-3 所示。

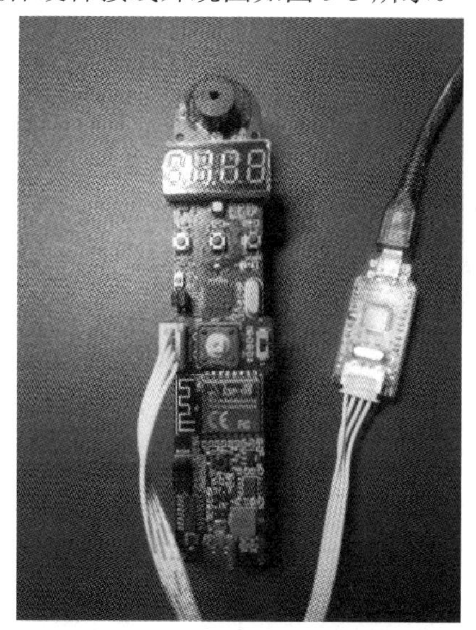

图 9-3　智能实时测温硬件接线图

在 STM32CubeIDE 中创建一个工程，自定义工作空间的名称，导入基础项目代码“Temp.zip”。

首先需要打开一个工作空间，在工作空间中单击鼠标右键，选择 Import，或者在菜单栏点击 File，选择 Import，如图 9-4 所示。

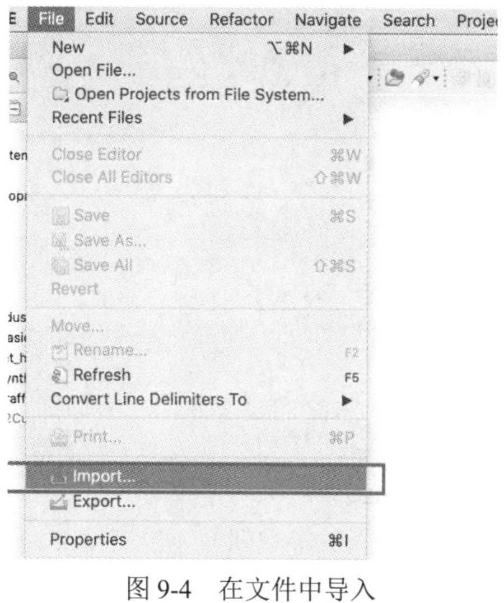

图 9-4　在文件中导入

随堂笔记

在弹出的对话框中选择 Existing Projects into Workspace，然后点击 Next，如图 9-5 所示。

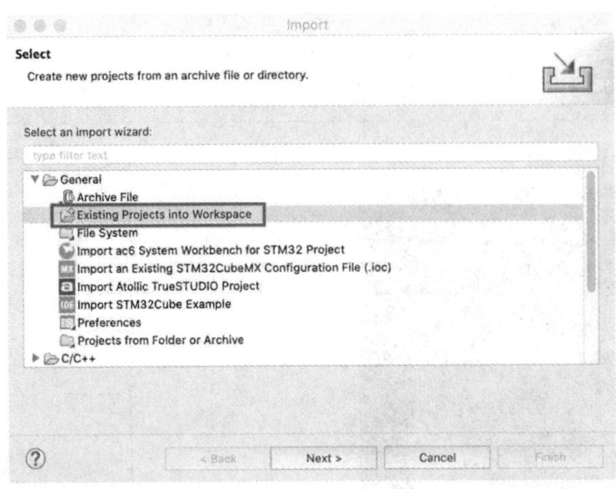

图 9-5　选择 Existing Projects into Workspace

然后会出现一个导入工程的页面，此时会让我们选择导入的目录或者压缩包。当导入的工程为压缩包格式时，选择 Select archive file，然后点击 Browse，选择工程压缩包如图 9-6 所示。注意：压缩包应使用 STM32CubeIDE 所导出的压缩包。

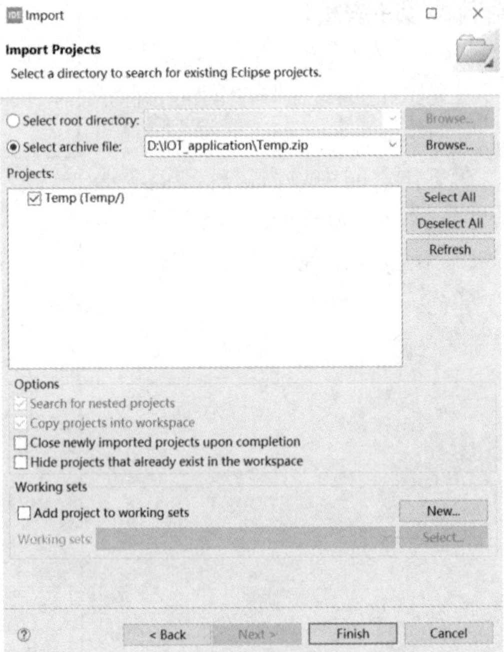

图 9-6　导入基础代码压缩包

点击 Finish 即可导入工程(注意：在同一个工作空间，不能有命名相同的工程文件)。

补充代码

随堂笔记

展开项目代码，点开头文件 90614.h，查询被测温度的地址和环境温度的地址，并在方框中补充：

```
#ifndef INC_90614_H_
#define INC_90614_H_

#include "delay.h"
#include "main.h"
#include "gpio.h"

#define u8 uint8_t
#define u32 uint32_t

//定义模块使用的引脚
#define SDA_R              HAL_GPIO_ReadPin(GPIOB,GPIO_PIN_11)
#define SDA_H
    HAL_GPIO_WritePin(GPIOB,GPIO_PIN_11,GPIO_PIN_SET)
#define SDA_L
    HAL_GPIO_WritePin(GPIOB,GPIO_PIN_11,GPIO_PIN_RESET)
#define SCL_H
    HAL_GPIO_WritePin(GPIOB,GPIO_PIN_10,GPIO_PIN_SET)
#define SCL_L
    HAL_GPIO_WritePin(GPIOB,GPIO_PIN_10,GPIO_PIN_RESET)


/*------------------MLX90614的地址表---------------------*/

#define   TEMP_TA          [          ]

#define   TEMP_TO          [          ]
/*------------------------------------------------------*/

void SMBstart();//SMB发送开始标志
void SMBstop();//SMB发送停止标志
void SMBsend(uint8_t buf);//SMB发送一个字节
uint8_t SMBread();//SMB 接收一个字节
```

随堂笔记

打开 90614.c，补充从地址空间中读取绝对温度的函数代码：

```
short Temp_Get_Address(uint8_t address)//读取温度函数{
	u8 SMBdataL=0;
	u8 SMBdataH=0;
	short SMBdata=0;

	//根据摄氏温度计算公式(T*0.02)-273.15获得真实的温度值
	SMBstart();//开始起始标志(写)
	SMBsend(0x00);//从机地址
	SMBsend(address);//发送读取地址命令

	SMBstart();//重复起始标志(读)
	SMBsend(0x01);

}
```

补充摄氏温度转华氏温度的代码：

```
//摄氏温度转华氏温度
inline float Tempc_To_Tempf(float temp)
{

}
```

打开 main.c，在方框处添加所需的头文件：

```
/* USER CODE END Header */
/* Includes ------------------------------------------------------------------*/
#include "main.h"
#include "gpio.h"

/* Private includes ----------------------------------------------------------*/
/* USER CODE BEGIN Includes */
```

随堂笔记

```
/* USER CODE END Includes */

/* Private typedef -----------------------------------------------------------*/
/* USER CODE BEGIN PTD */

/* USER CODE END PTD */

/* Private define ------------------------------------------------------------*/
/* USER CODE BEGIN PD */
/* USER CODE END PD */
```

补充获取被测物体的真实温度并显示：

```
/* Infinite loop */
  /* USER CODE BEGIN WHILE */
  short temp_now;   //用于存储当前的温度
  while (1)
  {
      //获取被测物体的真实温度

      //显示当前的华氏温度

    //延时100 ms

    /* USER CODE END WHILE */

    /* USER CODE BEGIN 3 */
  }
  /* USER CODE END 3 */
}
```

9.3 实验结果与分析

编译和执行文件的烧写

在补充完所有代码后，点击“Build All”完成编译，如果没有编译错误，则可以连接线路，然后使用 J-Link 烧写程序，运行“J-Flash Lite V7.50a”，选择对应的 bin 文件“Temp.bin”，并且把默认的烧写起始地址 0x00000000 改为 0x08000000。最后，按“Program Device”完成执行文件的烧写，如图 9-7 所示。

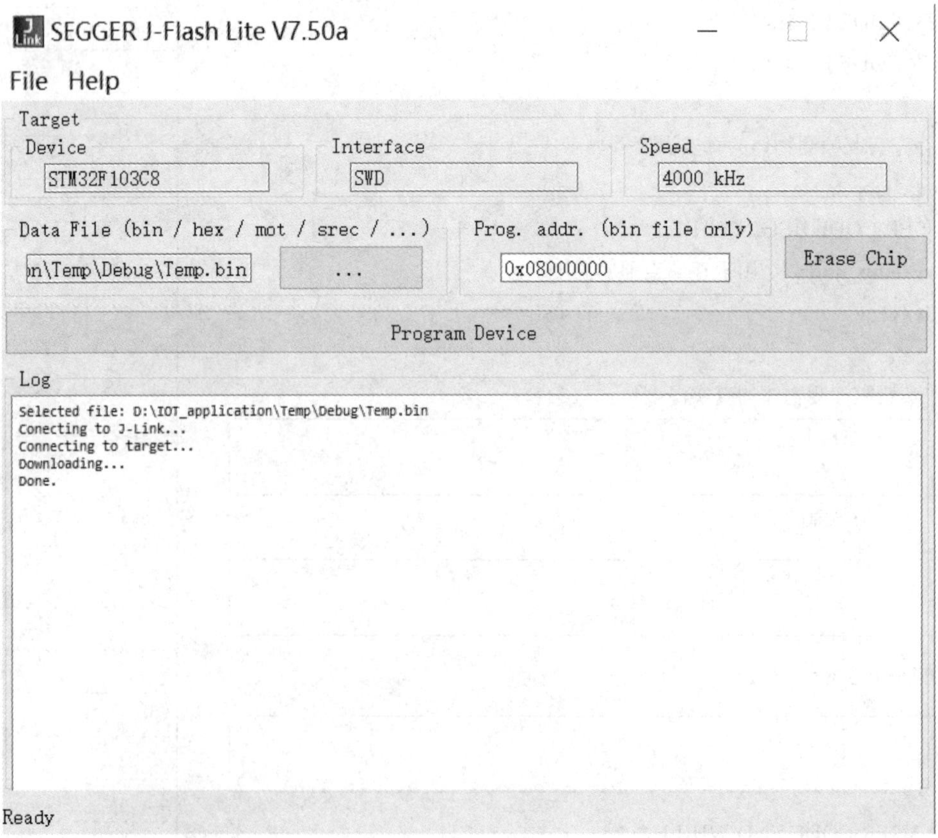

图 9-7 导入 bin 文件

结果和分析

程序烧写完成之后，测温模块实时获取物体温度，并且数值通过数码管进行显示，如图 9-8 所示。

图 9-8　实时测温结果

由图 9-8 可以看到，测温模块瞬时测量的温度是 29.5℃，并且是时变的，如把手伸过去正对着测温模块(背面)，则数值会有更大幅度的变化。

项目10 智能水泵

知识和技能目标：

(1) 了解蠕动泵的原理。

(2) 熟悉水泵的编程控制。

素质目标：

培养学生精益求精的品质精神，培养代码调试和仔细查错改错的能力。

10.1 任务说明

任务描述
1. 任务目标 通过本次任务，要求学生能够： (1) 导入基础代码； (2) 掌握蠕动泵的原理； (3) 编程实现蠕动泵的控制； (4) 学会分工合作； (5) 规范性地编写实验报告。 2. 任务内容要求 通过使用开发板，导入本项目的基础代码，然后编程补充代码，实现智能水泵控制。 3. 开发软件及工具 本项目使用的开发软件及工具：STM32CubeIDE、J-Flash Lite。 4. 实验器件 本项目使用的开发软件及工具为智能水泵(见图 10-1)。

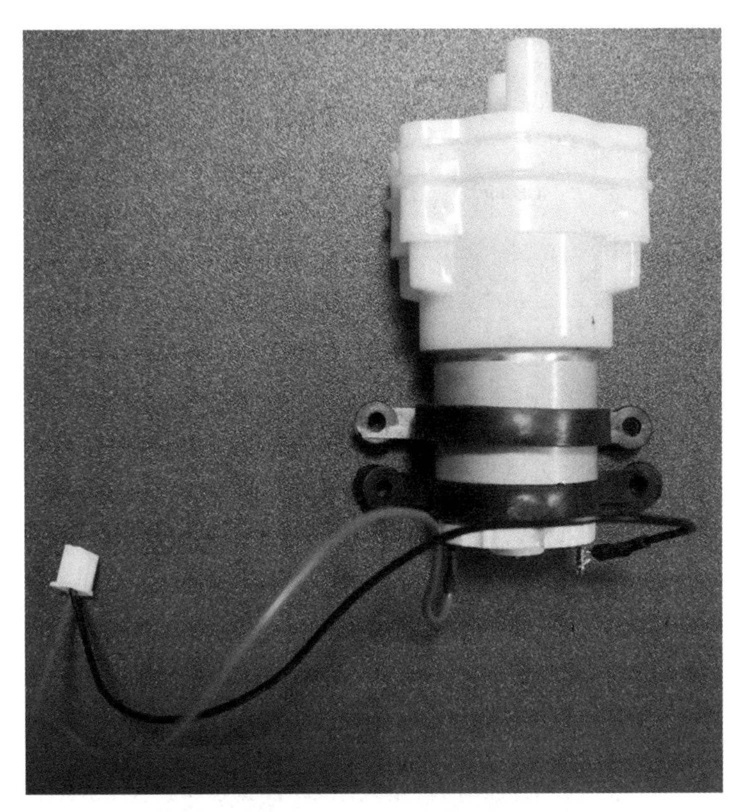

图 10-1 智能水泵模块

智能水泵电路如图 10-2 所示。

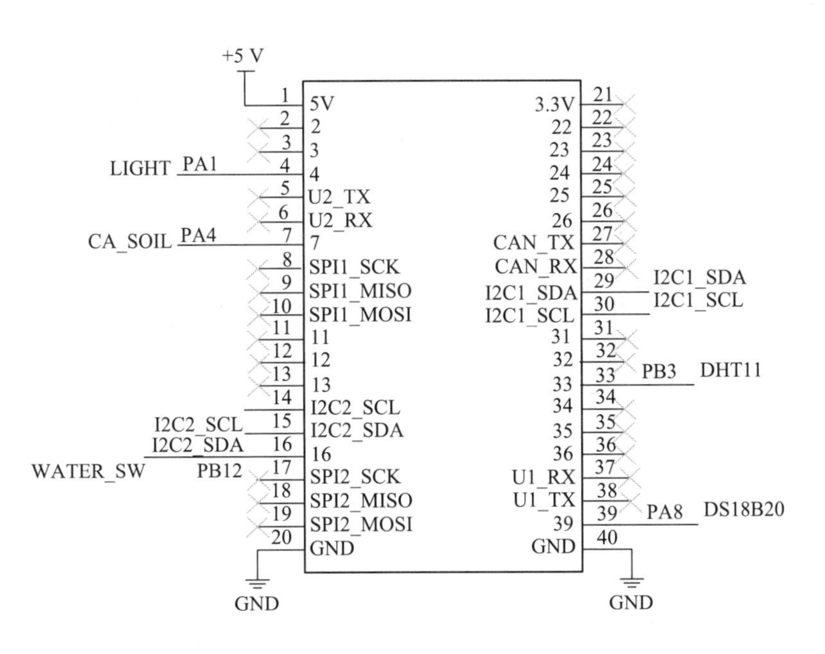

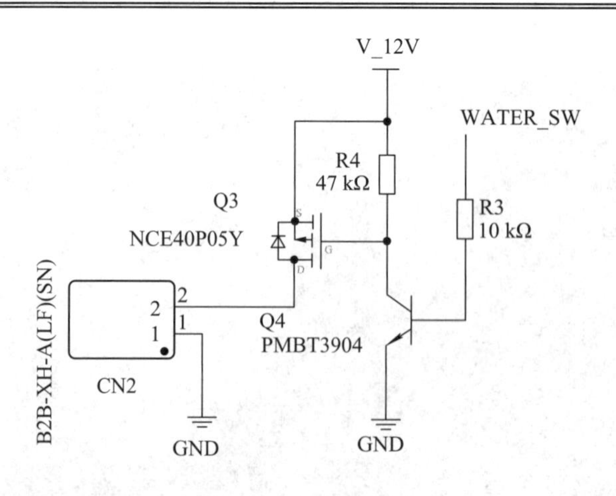

图 10-2　智能水泵电路

5. 任务实施要求

(1)　分组讨论，每组 4～5 人；

(2)　课内提供所需的硬件器件和基础代码。

6. 任务提交资料

(1) 综合实验报告，包含电路分析、任务分析、结果分析等。

(2) 智能水泵的实际编程代码。

(3) 项目分工、每个组员的贡献以及相关结果的证明材料，即与本任务相关的图片、视频，以及组员实际参与的编程或者测试的图片佐证等。

相 关 知 识

本次智能水泵实验选用蠕动泵，又称软管泵，是由泵头、泵管和驱动器组成。蠕动泵的原理是通过交替挤压和松开泵的弹性输送软管来输送液体，并用旋转轮滚动软管。软管中的液体随着流道旋转而移动。流量取决于三个参数的乘积：泵头的速度、由两个滚柱之间的一段泵管形成的流体大小以及转子每次旋转产生的流体数量。蠕动泵具有无污染、能耗低、密封性好、维护方便、双向等流量输送能力强等优点。

10.2 项 目 实 施

整体硬件线路连接及基础代码导入

随堂笔记

本项目用到的 STM32 核心板和相关模块均需要放置在底板上，共占用两个模块位置，如图 10-3 所示。

图 10-3　模块放置外观图

在 STM32CubeIDE 中创建一个工程，自定义工作空间的名称，导入基础项目代码“Waterpump.zip”。

首先需要打开一个工作空间，在工作空间中单击鼠标右键，选择 Import，或者在菜单栏点击 File，选择 Import，如图 10-4 所示。

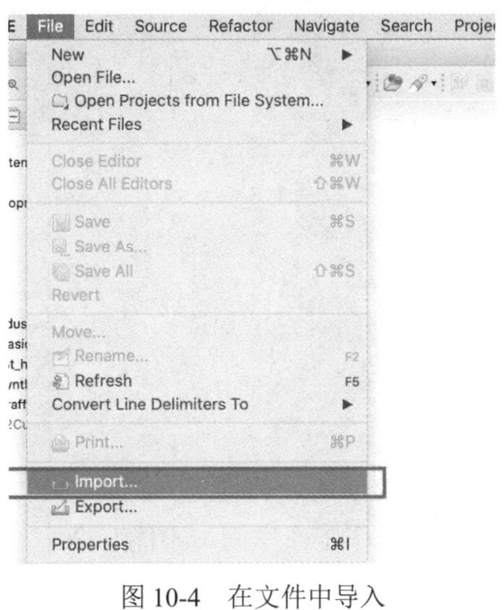

图 10-4　在文件中导入

随堂笔记

在弹出的对话框中选择 Existing Projects into Workspace，然后点击 Next，如图 10-5 所示。

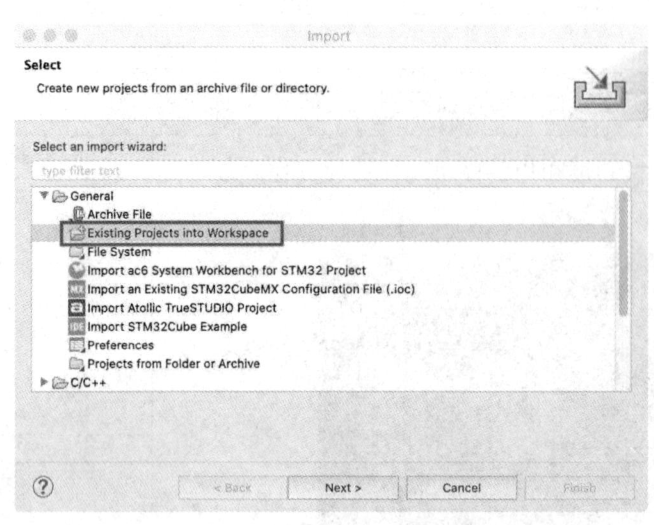

图 10-5　选择 Existing Projects into Workspace

然后会出现一个导入工程的页面，此时会让我们选择导入的目录或者压缩包。当导入的工程为压缩包格式时，选择 Select archive file，然后点击 Browse，选择工程压缩包如图 10-6 所示。注意：压缩包应使用 STM32CubeIDE 所导出的压缩包。

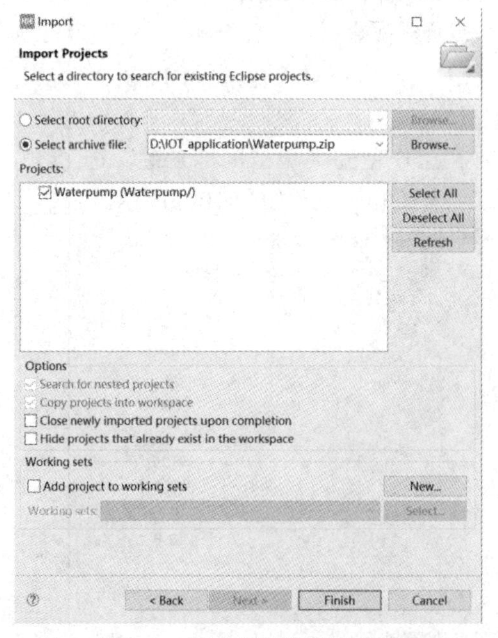

图 10-6　导入基础代码压缩包

点击 Finish 即可导入工程(注意：在同一个工作空间，不能有命名相同的工程文件)。

补 充 代 码

随堂笔记

展开项目代码，点开 water_control.h，在方框中补充代码：

```
#ifndef INC_WATER_CONTROL_H_
#define INC_WATER_CONTROL_H_

#include "gpio.h"


#define   WATER_CONTROL_GPIO_X          [          ]

#define   WATER_CONTROL_GPIO_n          [          ]


//控制水阀的开关状态
[                                        ]
//切换水阀状态
[                              ]
#endif /* INC_WATER_CONTROL_H_ */
```

打开 water_control.c，在方框中补充代码：

```
#include "water_control.h"
/*
 * 函数功能：控制水阀的开关状态
 * 函数参数：pinstate为1开启水阀，0为关闭水阀
 * 函数返回值：无
 * */
inline void Water_Set(GPIO_PinState PinState)
{
[                                                ]
}

/*
 * 函数功能：翻转水阀的开关状态
```

```
* 函数参数：无
 * 函数返回值：无
 * */
inline void Water_Set_Toggle()  //切换水阀状态
{
 
}
```

随堂笔记

10.3　实验结果与分析

编译和执行文件的烧写

在补充完所有代码后，点击“Build All”完成编译，如果没有编译错误，则可以连接线路，然后使用J-Link烧写程序，运行“J-Flash Lite V7.50a”，选择对应的bin文件“Waterpump.bin”，并且把默认的烧写起始地址0x00000000改为0x08000000。最后，按“Program Device”完成执行文件的烧写，如图10-7所示。

SEGGER J-Flash Lite V7.50a
File　Help
Target
Device　STM32F103C8
Interface　SWD
Speed　4000 kHz
Data File (bin / hex / mot / srec / ...)　p\Debug\Waterpump.bin　...
Prog. addr. (bin file only)　0x08000000
Erase Chip
Program Device
Log
Selected file: D:\IOT_application\Waterpump\Debug\Waterpump.bin
Conecting to J-Link...
Connecting to target...
Downloading...
Done.
Ready

图10-7　导入bin文件

结 果 和 分 析

程序烧写完成之后，水泵通过接线连接到中间插槽上，将模块接上电源设配器，并且将开关拨至上部，整体连接及供电后的效果如图 10-8 所示。

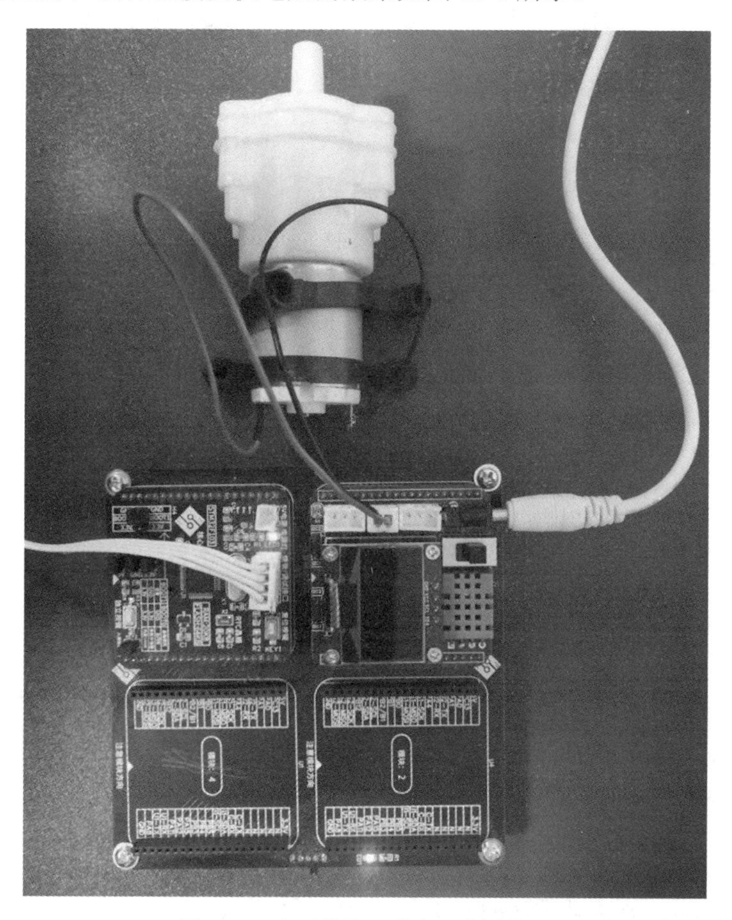

图 10-8 水泵接线及供电后的效果图

当开关拨至上部时，水泵开始工作，且每隔 2 秒切换一次，水泵工作时产生较大的声音。启动和关闭水泵可以通过核心板上的独立按键来控制，每按下一次进行一次切换。

项目 11 土壤湿度采集

知识和技能目标：

(1) 了解土壤湿度模块的基本参数。

(2) 熟悉土壤湿度的采集及实现。

素质目标：

培养学生善于学习新知识的能力，培养追求卓越的进取精神、一丝不苟的工匠精神。

11.1 任务说明

任 务 描 述
1. 任务目标 通过本次任务，要求学生能够： (1) 导入基础代码； (2) 掌握土壤湿度模块的基本参数； (3) 编程实现土壤湿度的采集； (4) 学会分工合作； (5) 规范性地编写实验报告。 2. 任务内容要求 通过使用开发板，导入本项目的基础代码，然后编程补充代码，实现土壤湿度采集及数据显示。 3. 开发软件及工具 本项目使用的开发软件及工具：STM32CubeIDE、J-Flash Lite。 4. 实验器件 本项目使用的实验器件为土壤湿度传感器模块(见图 11-1)。

图 11-1　土壤湿度传感器模块

与土壤接触的采集头如图 11-2 所示。

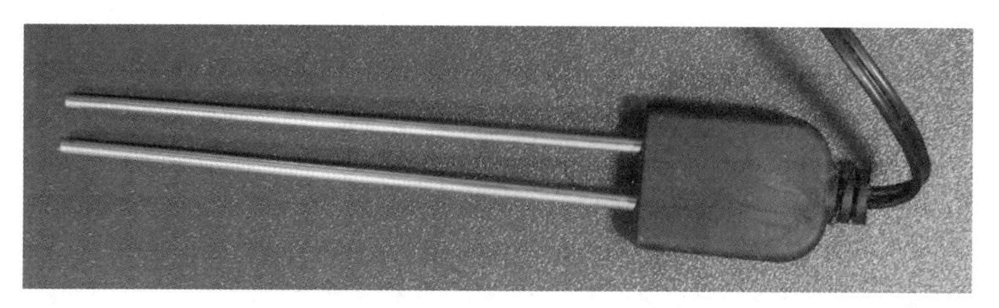

图 11-2　土壤湿度采集头

土壤湿度采集电路如图 11-3 所示。

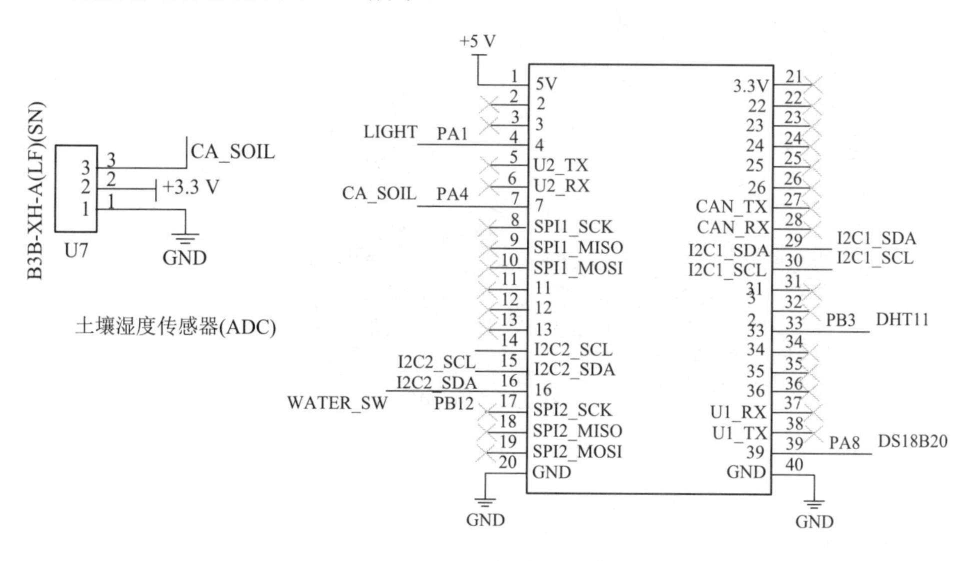

图 11-3　土壤湿度采集电路

5. 任务开展要求

(1) 分组讨论，每组 4～5 人；

(2) 课内提供所需的硬件器件和基础代码。

6. 任务提交资料

(1) 综合实验报告，包含电路分析、任务分析、结果分析等。

(2) 土壤湿度采集的实际编程代码。

(3) 项目分工、每个组员的贡献以及相关结果的证明材料，即与本任务相关的图片、视频以及组员实际参与的编程或者测试的图片佐证等。

相 关 知 识

本次土壤湿度采集实验选用广州华电土壤温湿度传感器，其尺寸为 36 mm × 15 mm × 7 mm，工作电压为 3.3～12V DC。土壤湿度采集传感器通过金属探头检测土壤湿度，并使用电压比较器判断土壤湿度。当土壤湿度超过预设阈值时，传感器的 DO 端输出低电平，输出电流小于 30 mA。

11.2 项 目 实 施

整体硬件线路连接及基础代码导入

随堂笔记

本项目实验中用到的 STM32 核心板和相关模块均需要放置在底板上，共占用两个模块位置，整体电路连接如图 11-4 所示。

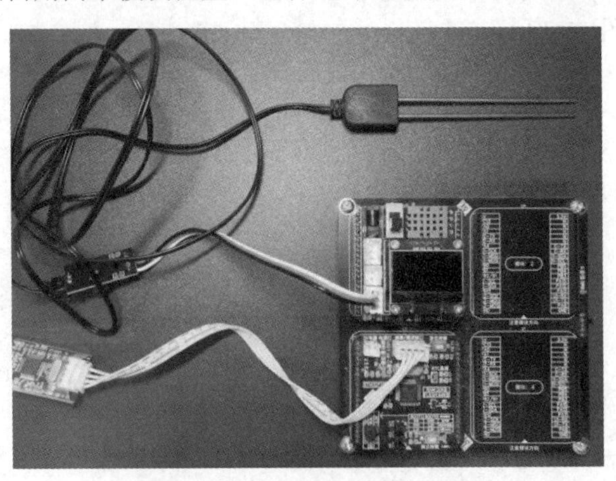

图 11-4 土壤湿度采集的连接图

在 STM32CubeIDE 中创建一个工程，自定义工作空间的名称，导入基础项目代码“Humidity.zip”。

随堂笔记

首先需要打开一个工作空间，在工作空间中点击鼠标右键，选择 Import，或者在菜单栏中点击 File，选择 Import，如图 11-5 所示。

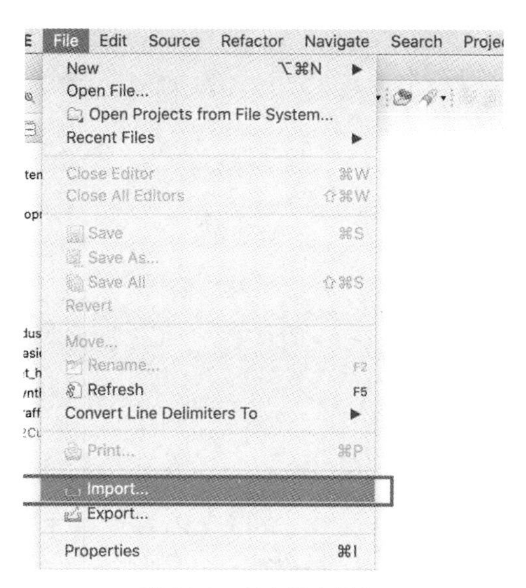

图 11-5　在文件中导入

在弹出的对话框中选择 Existing Projects into Workspace，然后点击 Next，如图 11-6 所示。

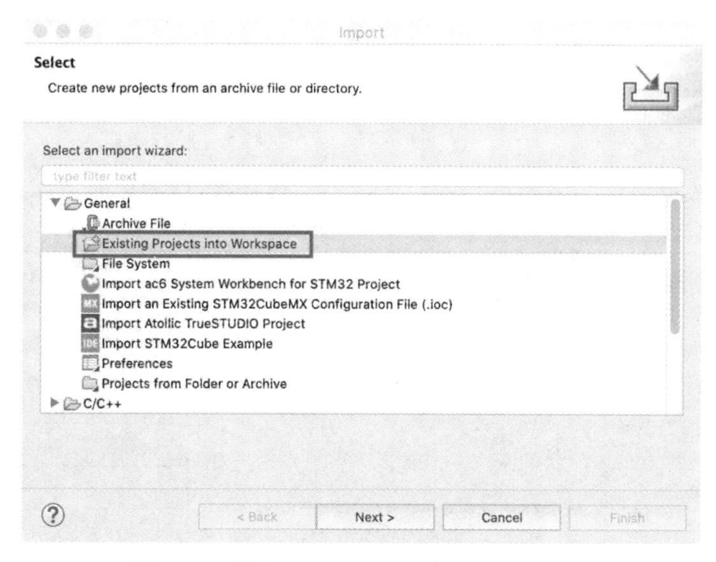

图 11-6　选择 Existing Projects into Workspace

然后会出现一个导入工程的页面，此时会让我们选择导入的目录或者压缩包。当导入的工程为压缩包格式时，选择 Select archive file，然后点击 Browse，选择工程压缩包如图 11-7 所示，注意压缩包应使用 STM32CubeIDE 所导出的压缩包。

随堂笔记

Import

Import Projects

Select a directory to search for existing Eclipse projects.

Select root directory: Browse...

Select archive file: D:\IOT_application\humidity.zip Browse...

Projects:

☑ humidity (humidity/)

Select All

Deselect All

Refresh

Options

☑ Search for nested projects

☑ Copy projects into workspace

☐ Close newly imported projects upon completion

☐ Hide projects that already exist in the workspace

Working sets

☐ Add project to working sets New...

Working sets: Select...

< Back Next > Finish Cancel

图 11-7 导入基础代码压缩包

点击 Finish 即可导入工程(注意：在同一个工作空间，不能有命名相同的工程文件)。

补 充 代 码

随堂笔记

展开项目代码，点开 main.c，在方框中补充代码。

```
int main(void)
{
  /* USER CODE BEGIN 1 */

  /* USER CODE END 1 */

  /* MCU Configuration--------------------------------------------------------*/

  /* Reset of all peripherals, Initializes the Flash interface and the Systick. */
  HAL_Init();

  /* USER CODE BEGIN Init */
```

随堂笔记

```
/* USER CODE END Init */

/* Configure the system clock */
SystemClock_Config();

/* USER CODE BEGIN SysInit */

/* USER CODE END SysInit */

/* Initialize all configured peripherals */
MX_GPIO_Init();
MX_I2C2_Init();
MX_ADC1_Init();
/* USER CODE BEGIN 2 */
OLED_Init();
OLED_CLS();
OLED_ShowStr(0, 0, (uint8_t*)"Soil Moisture", 2);
```


//土壤湿度ADC的校准

//开始进行ADC转换

```
/* USER CODE END 2 */

/* Infinite loop */
/* USER CODE BEGIN WHILE */
short buff_adc,humi;
char oled_buf[25];
while (1)
{
    //获取一次ADC值
```

随堂笔记

```
        //此种传感器的值范围在2700～1200
        if(buff_adc > 2700)
        {
            buff_adc = 2700;
        }
```

```
        humi = 1800 - buff_adc*2/3;
        sprintf(oled_buf,"Soil Moisture:%.1f%%        ", (float)humi/10);
        OLED_ShowStr(0, 3, (uint8_t*)oled_buf, 1);
        memset(oled_buf,0,20);

      /* USER CODE END WHILE */

      /* USER CODE BEGIN 3 */
        HAL_Delay(1200);
    }
    /* USER CODE END 3 */
}

/**
  * @brief System Clock Configuration
  * @retval None
  */
void SystemClock_Config(void)
{
  RCC_OscInitTypeDef RCC_OscInitStruct = {0};
  RCC_ClkInitTypeDef RCC_ClkInitStruct = {0};
  RCC_PeriphCLKInitTypeDef PeriphClkInit = {0};

  /** Initializes the RCC Oscillators according to the specified parameters
  * in the RCC_OscInitTypeDef structure.
  */
```

随堂笔记

```
  RCC_OscInitStruct.OscillatorType = RCC_OSCILLATORTYPE_HSE;
  RCC_OscInitStruct.HSEState = RCC_HSE_ON;
  RCC_OscInitStruct.HSEPredivValue = RCC_HSE_PREDIV_DIV1;
  RCC_OscInitStruct.HSIState = RCC_HSI_ON;
  RCC_OscInitStruct.PLL.PLLState = RCC_PLL_ON;
  RCC_OscInitStruct.PLL.PLLSource = RCC_PLLSOURCE_HSE;
  RCC_OscInitStruct.PLL.PLLMUL = RCC_PLL_MUL2;
  if (HAL_RCC_OscConfig(&RCC_OscInitStruct) != HAL_OK)
  {
    Error_Handler();
  }
  /** Initializes the CPU, AHB and APB buses clocks
  */
  RCC_ClkInitStruct.ClockType =
RCC_CLOCKTYPE_HCLK|RCC_CLOCKTYPE_SYSCLK

|RCC_CLOCKTYPE_PCLK1|RCC_CLOCKTYPE_PCLK2;
  RCC_ClkInitStruct.SYSCLKSource = RCC_SYSCLKSOURCE_PLLCLK;
  RCC_ClkInitStruct.AHBCLKDivider = RCC_SYSCLK_DIV1;
  RCC_ClkInitStruct.APB1CLKDivider = RCC_HCLK_DIV2;
  RCC_ClkInitStruct.APB2CLKDivider = RCC_HCLK_DIV1;

  if (HAL_RCC_ClockConfig(&RCC_ClkInitStruct, FLASH_LATENCY_0) !=
HAL_OK)
  {
    Error_Handler();
  }
  PeriphClkInit.PeriphClockSelection = RCC_PERIPHCLK_ADC;
  PeriphClkInit.AdcClockSelection = RCC_ADCPCLK2_DIV2;
  if (HAL_RCCEx_PeriphCLKConfig(&PeriphClkInit) != HAL_OK)
  {
    Error_Handler();
  }
}

/* USER CODE BEGIN 4 */

/* USER CODE END 4 */
```

11.3　实验结果与分析

编译和执行文件的烧写

在补充完所有代码后，点击“Build All”完成编译，如果没有编译错误，则可以连接线路，然后使用 J-Link 烧写程序，运行“J-Flash Lite V7.50a”，选择对应的 bin 文件“humidity.bin”，并且把默认的烧写起始地址 0x00000000 改为 0x08000000。最后，按“Program Device”完成执行文件的烧写，如图 11-8 所示。

SEGGER J-Flash Lite V7.50a
File　Help
Target
Device　STM32F103C8
Interface　SWD
Speed　4000 kHz
Data File (bin / hex / mot / srec / ...)　.ty\Debug\humidity.bin　...
Prog. addr. (bin file only)　0x08000000
Erase Chip
Program Device
Log
Selected file: D:\IOT_application\humidity\Debug\humidity.bin
Conecting to J-Link...
Connecting to target...
Downloading...
Done.
Ready

图 11-8　导入 bin 文件

结 果 和 分 析

程序烧写完成之后，土壤湿度传感器通过接线连接到最下面的插槽上，如图 11-9 所示。

图 11-9　土壤湿度的采集及显示

从图 11-9 中可以看到，系统采集了土壤湿度的数据并且在屏上显示土壤湿度的数值。

项目12 智慧农业综合项目

知识和技能目标：

(1) 了解智慧农业综合项目的构成和线路连接。

(2) 熟悉蓝牙串口无线数据采集和器件控制的实现方法。

素质目标：

培养学生解决综合应用问题的程序设计能力。

12.1 任务说明

任务描述
1. 任务目标 通过本次任务，要求学生能够： (1) 导入基础代码； (2) 掌握不同传感器和模块的连接； (3) 编程实现无线数据采集和器件控制； (4) 学会分工合作； (5) 规范性地编写实验报告。 2. 任务内容要求 通过使用开发板，导入本项目的基础代码，然后编程补充代码，实现智慧农业综合项目的无线数据采集和控制。 3. 开发软件及工具 本项目使用的开发软件及工具为STM32CubeIDE、J-Flash Lite、蓝牙串口。

4. 实验器件

本项目使用的实验用到的器件包括土壤温湿度传感器模块、空气温湿度传感器模块、蠕动泵、蓝牙模块。

空气温湿度传感器的电路如图 12-1 所示。土壤温湿度传感器的电路如图 12-2 所示。蠕动泵的电路如图 12-3 所示。

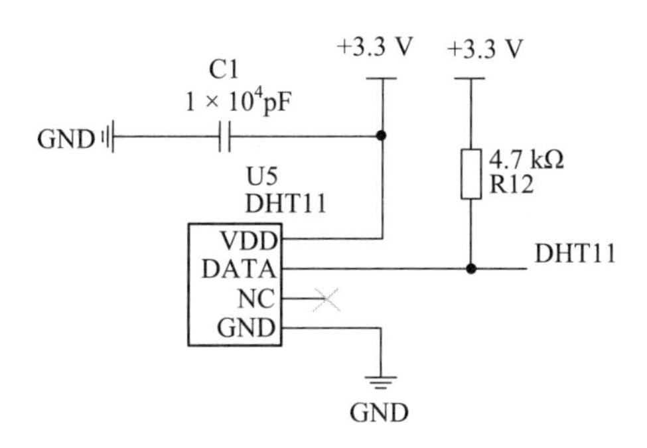

图 12-1　空气温湿度传感器电路

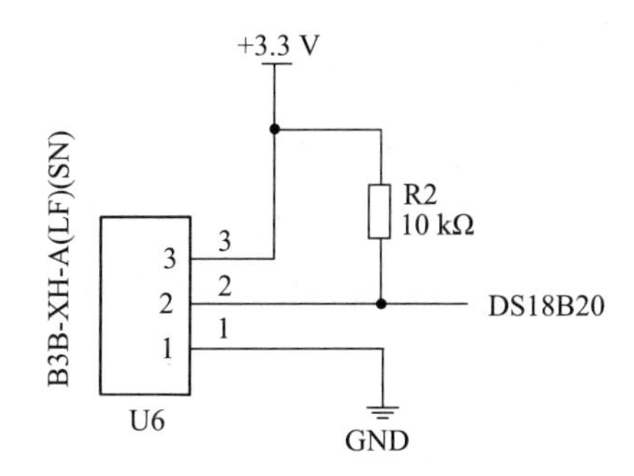

图 12-2　空气温湿度传感器电路

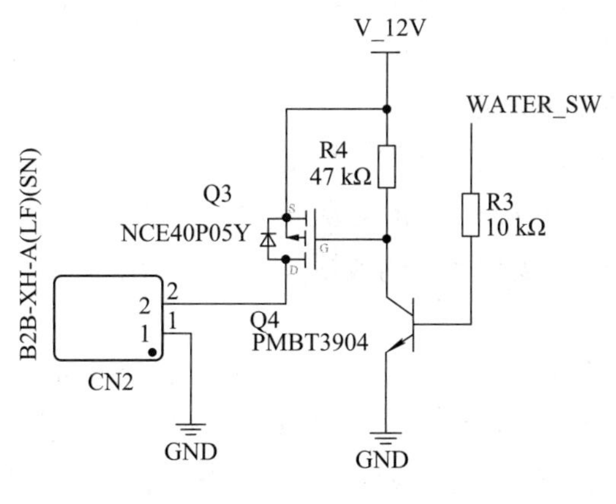

图 12-3　蠕动泵电路

5. 任务实施要求

(1) 分组讨论，每组 4～5 人；

(2) 课内提供所需的硬件器件和基础代码。

6. 任务提交资料

(1) 综合实验报告，包含电路分析、任务分析、结果分析等。

(2) 智慧农业综合项目的实际编程代码。

(3) 项目分工、每个组员的贡献以及相关结果的证明材料，即与本任务相关的图片、视频，以及组员实际参与的编程或者测试的图片佐证等。

相关知识

1. 蓝牙控制指令

在这个实验项目中，农业数据通过蓝牙无线传输。所需命令(蓝牙控制协议)如下：

WACO=0&：关闭蠕动泵。

WACO=1&：打开蠕动泵。

HTSS=0&：关闭 HTTP 发送。

HTSS=1&：启用 HTTP 发送。

HTST=1200&：设置 HTTP 发送间隔。

HTSM=1011&：设置 HTTP 发送的每个数据类型。从左至右分别为土壤温度、土壤湿度、空气温度和空气湿度。1 代表发送，0 代表不发送。

HTIP=120.55.193.141:1023/post-interface 1&：设置 HTTP 发送的请求地址，设备将重置并重启。

BTSS=0&：禁用蓝牙发送。

BTSS=1&：启用蓝牙发送。

BTST=1200&：设置蓝牙传输间隔。

BTSM=1011&：设置蓝牙发送的每个数据类型。从左至右分别为土壤温度、土壤湿度、空气温度和空气湿度。1 代表发送，0 代表不发送。

BRST=1&：蓝牙模块远程复位。

ER:1&：无法识别命令(返回蓝牙的数据)。

ER:c&：命令参数错误(返回蓝牙的数据)。

ER:2&：设备硬件错误(返回蓝牙的数据)。

2. 实时操作系统

常见的实时操作系统(RTOS)包括 FreeRTOS 和 μCOS。其中，FreeRTOS 的设计紧凑而简单，整个核心代码只有几个 C 文件。STM32 系列 MCU 支持 FreeRTOS。如果需要执行某个任务，实时操作系统将在短时间内执行该任务，而不会有长时间的延迟。此功能可确保及时执行各种任务。实时操作系统与一般操作系统有不同的任务调度算法。其目标是追求更小的任务切换延迟。实时操作系统具有严格的任务调度和更好的多任务处理能力。它通过连续切换和依次调度多个任务来实现类似的多任务并行性。任务的优先级可以在 FreeRTOS 中设置，任务优先级的数量可以由用户配置。FreeRTOS 中指定的任务有五种状态：运行状态、就绪状态、阻塞状态、挂起状态和删除状态。FreeRTOS 中的每个任务都有一个堆栈空间。此堆栈空间用于在切换任务时保存任务字段信息，如 CPU 寄存器的值。同时，任务函数的变量也保存在此间隔中。再次执行任务时，可以通过从任务堆栈空间获取保存的值继续执行任务来恢复字段。

12.2 项 目 实 施

整体硬件线路连接及基础代码导入

随堂笔记

本项目实验用到的 STM32 核心板和相关模块均需要放置在底板上，共占用 3 个模块位置，整体电路连接如图 12-4 所示。

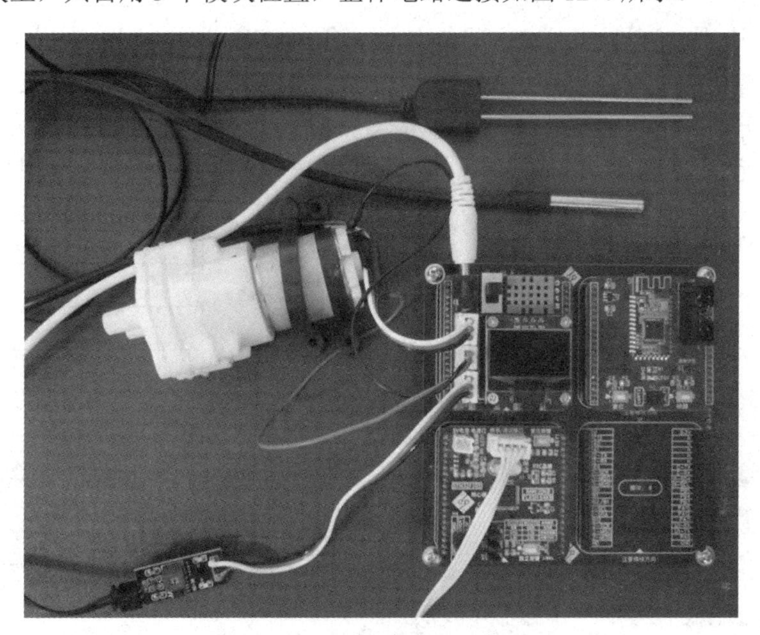

图 12-4　智慧农业综合项目的连接图

在 STM32CubeIDE 中创建一个工程，自定义工作空间的名称，导入基础项目代码“Comprehensive_project.zip”。

随堂笔记

首先需要打开一个工作空间，在工作空间中点击鼠标右键，选择 Import，或者在菜单栏中点击 File，选择 Import，如图 12-5 所示。

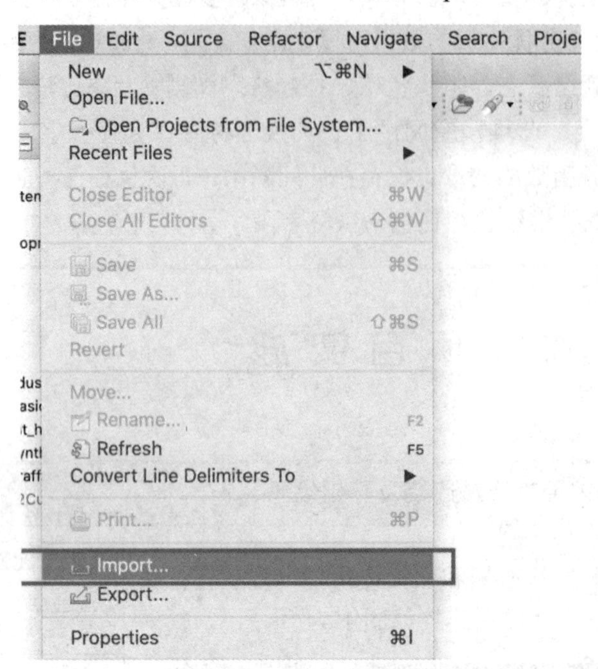

图 12-5　在文件中导入

在弹出的对话框中选择 Existing Projects into Workspace，然后点击 Next，如图 12-6 所示。

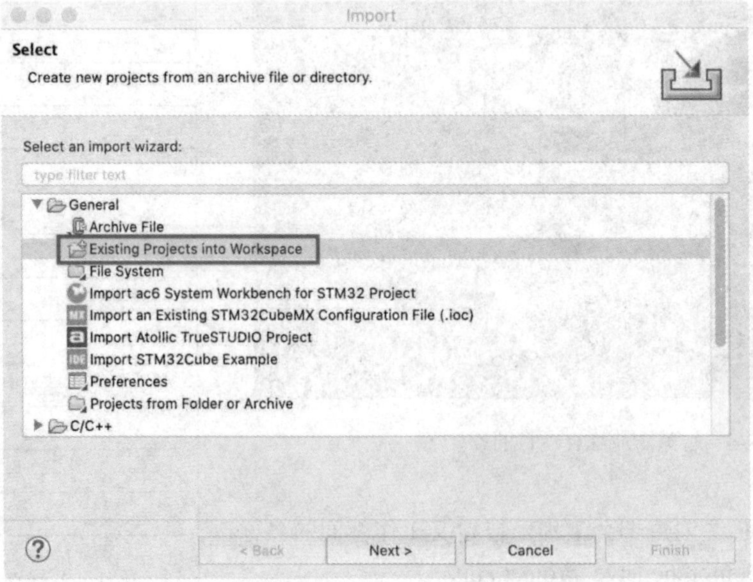

图 12-6　选择 Existing Projects into Workspace

随堂笔记

然后会出现一个导入工程的页面，此时会让我们选择导入的目录或者压缩包。当导入的工程为压缩包格式时，选择 Select archive file，然后点击 Browse，选择工程压缩包如图 12-7 所示。注意：压缩包应使用 STM32CubeIDE 所导出的压缩包。

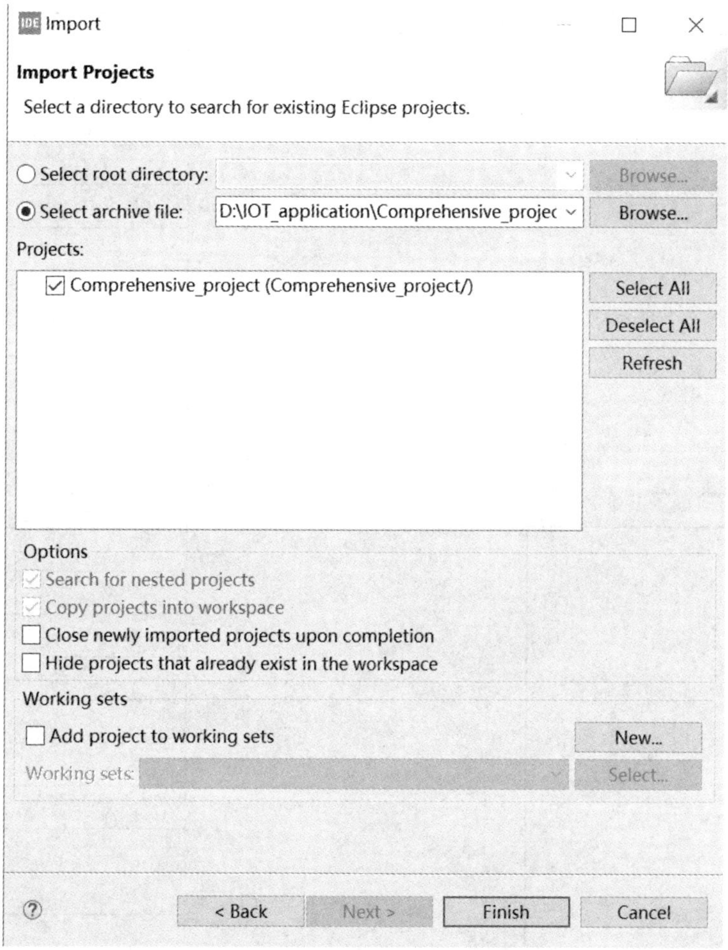

图 12-7　导入基础代码压缩包

点击 Finish 即可导入工程(注意：在同一个工作空间，不能有命名相同的工程文件)。

补 充 代 码

随堂笔记

展开项目代码，点开 main.c，在方框中补充所需要的头文件。

```
/* USER CODE END Header */
/* Includes ------------------------------------------------------------------*/
#include "main.h"
#include "cmsis_os.h"
#include "adc.h"
#include "dma.h"
#include "i2c.h"
#include "rtc.h"
#include "usart.h"
#include "gpio.h"

/* Private includes ----------------------------------------------------------*/
/* USER CODE BEGIN Includes */



/* USER CODE END Includes */

/* Private typedef -----------------------------------------------------------*/
/* USER CODE BEGIN PTD */
void PVD_Config(void);
/* USER CODE END PTD */
```

随堂笔记

```
/* Private define ------------------------------------------------------------*/
/* USER CODE BEGIN PD */
/* USER CODE END PD */
```

参考显示土壤温度的代码(第一行显示土壤温度)，分别写出显示土壤湿度、显示空气温度、显示空气湿度的代码：

```
/* USER CODE BEGIN 1 */

  /* USER CODE END 1 */

  /* MCU Configuration--------------------------------------------------------*/

  /* Reset of all peripherals, Initializes the Flash interface and the Systick. */
  HAL_Init();

  /* USER CODE BEGIN Init */

  /* USER CODE END Init */

  /* Configure the system clock */
  SystemClock_Config();

  /* USER CODE BEGIN SysInit */

  /* USER CODE END SysInit */

  /* Initialize all configured peripherals */
  MX_GPIO_Init();
  MX_DMA_Init();
  MX_ADC1_Init();
  MX_USART1_UART_Init();
  MX_I2C1_Init();
  MX_USART2_UART_Init();
  MX_RTC_Init();
  MX_I2C2_Init();
```

随堂笔记

```
/* USER CODE BEGIN 2 */

Node_Initdata_Write_Flash();  //设置内容写入
HAL_Delay(100);  //系统内核启动前加延时
Node_Initdata_Read_Flash();   //设置内容读取
Water_Set(0); //首先默认关闭水阀
node_system.dev_state.water_control_state = 0;
HAL_Delay(400);  //系统内核启动前加延时

#if          0
HAL_GPIO_WritePin(GPIOB, GPIO_PIN_12, GPIO_PIN_RESET);     //将抽水
泵打开
HAL_ADCEx_Calibration_Start(&hadc1); //按键ADC的校准
HAL_ADC_Start(&hadc1);
uint32_t adc_soil_moisture = 0;


short temp_soil = 0;
DS18B20_Init();
OLED_Init();
    OLED_CLS();


    OLED_DrawBMP(0,0,128,8,Image_GEC);
    HAL_Delay(500);
    OLED_Fill(0);


//显示土壤温度
      OLED_ShowCNString(0,0,0,2,F_SOIL); //在第一行显示“土壤”这两个字
      OLED_ShowCNString(32,0,0,1,F_TEMP_WEN);  //显示“温”这个字
      OLED_ShowCNString(32+16,0,0,1,F_HUM_DU);  //显示“度”这个字
      OLED_ShowChar(32+16+16,0,':',16);  //接着显示冒号“:”
```

//显示土壤湿度

//显示空气温度

//显示空气湿度

随堂笔记

12.3　实验结果与分析

编译和执行文件的烧写

在补充完所有代码后，点击“Build All”完成编译，如果没有编译错误，则可以连接线路，然后使用 J-Link 烧写程序，运行“J-Flash Lite V7.50a”，选择对应的 bin 文件“IOT_application.bin”，并且把默认的烧写起始地址 0x00000000 改为 0x08000000。最后，按“Program Device”完成文件的烧写，如图 12-8 所示。

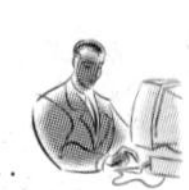

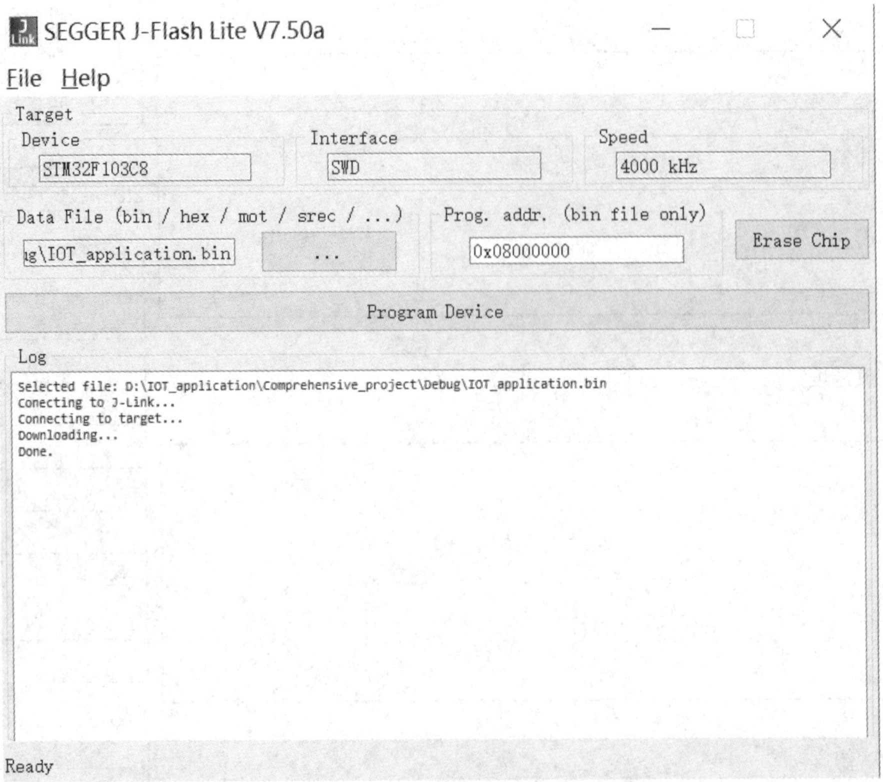

SEGGER J-Flash Lite V7.50a
File Help
Target
Device
STM32F103C8
Interface
SWD
Speed
4000 kHz
Data File (bin / hex / mot / srec / ...)
g\IOT_application.bin
...
Prog. addr. (bin file only)
0x08000000
Erase Chip
Program Device
Log
Selected file: D:\IOT_application\Comprehensive_project\Debug\IOT_application.bin
Conecting to J-Link...
Connecting to target...
Downloading...
Done.
Ready

图 12-8　导入 bin 文件

结 果 和 分 析

程序烧写完成之后，将土壤湿度传感器、空气温湿度传感器、蠕动泵通过接线连接到最下面的插槽上，oled 屏上显示的数据结果如图 12-9 所示。

土壤温度:28.0C
土壤湿度:99.1%
空气温度:28.3C
空气湿度:95.0%

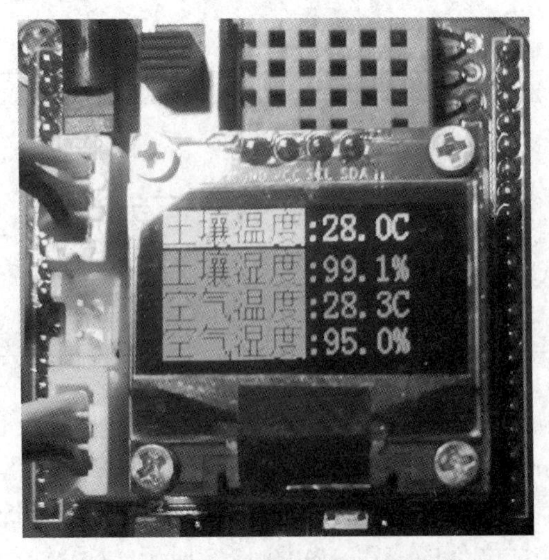

图 12-9　oled 屏上显示所采集到的数据

由图 12-9 可以看到，系统可以实时采集信号并进行显示。进一步可通过蓝牙来控制数据采集和蠕动泵的工作。首先在手机微信里搜索“蓝牙串口”，然后连接设备(蓝牙设备名称可改，默认是 MLT-BT05)，如图 12-10 所示。

图 12-10　蓝牙串口上搜索设备

然后点击对应的设备进行连接，成功连接后如图 12-11 所示。

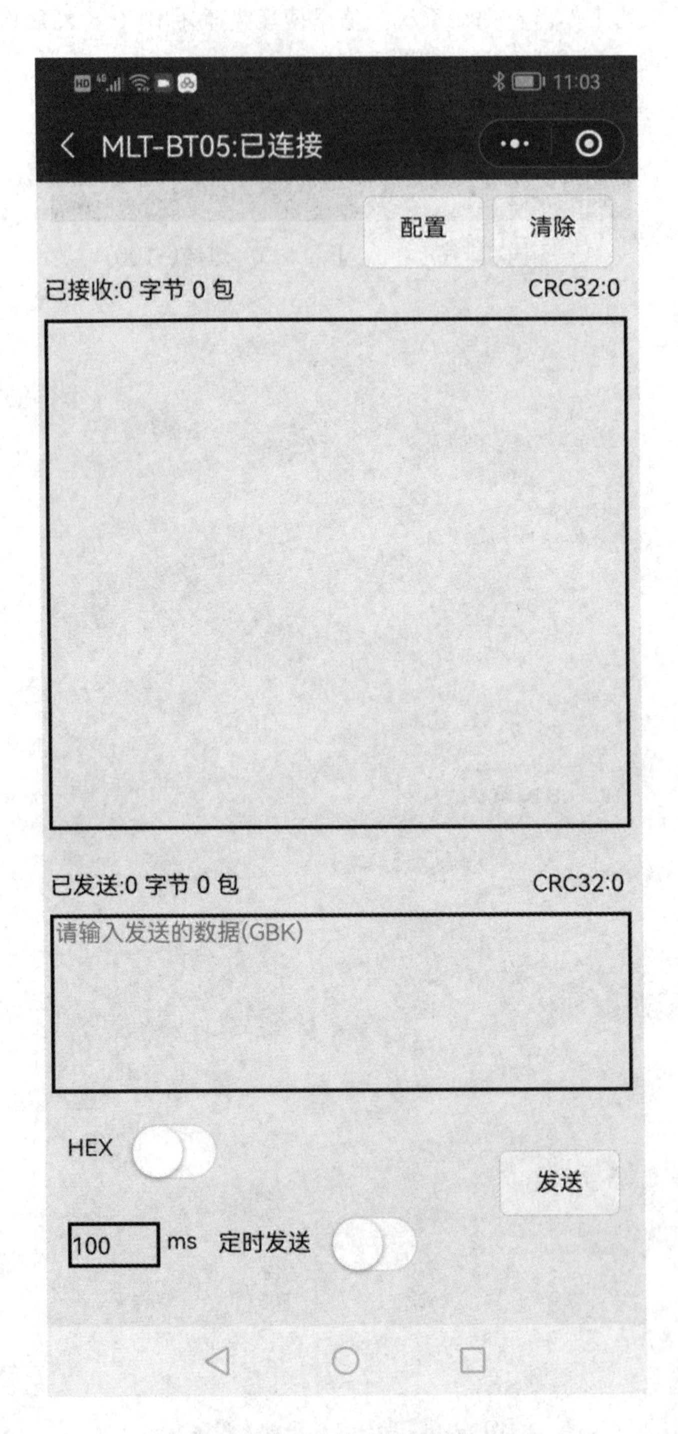

图 12-11　蓝牙设备已连接的显示状态

此时，蓝牙发送还未开始，需要输入“BTSS=1&”开启蓝牙发送，如图 12-12 所示。

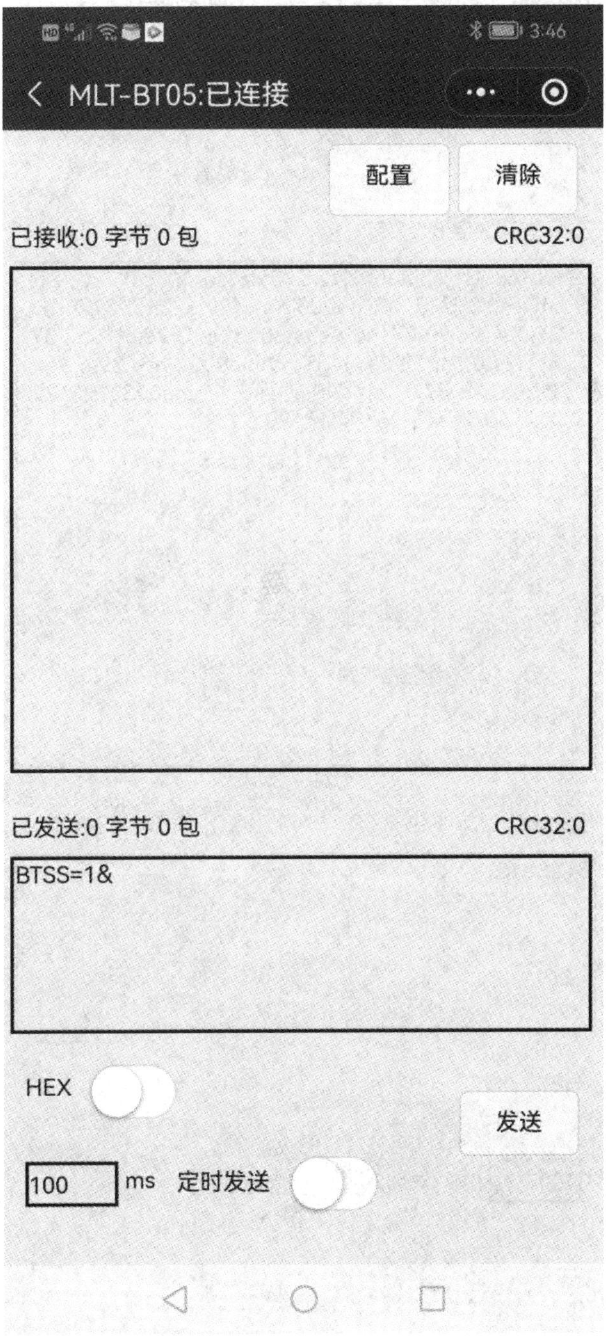

图 12-12　开启蓝牙发送

开启蓝牙发送后就可以不断地获得数据，如图 12-13 所示。

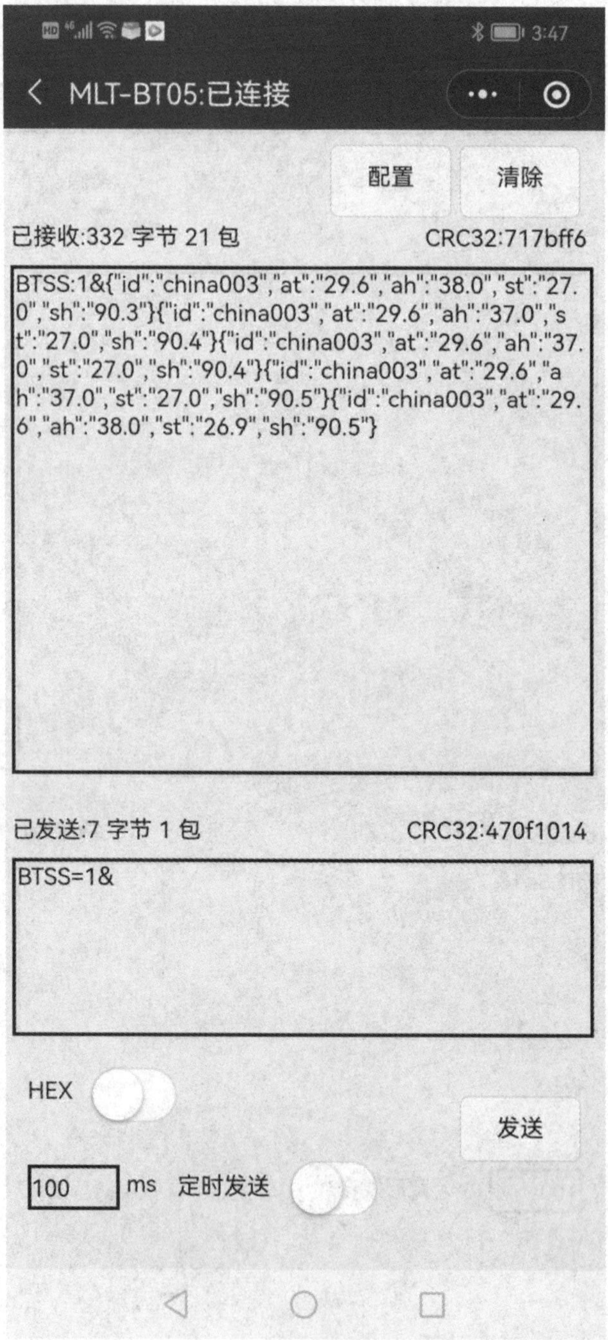

MLT-BT05:已连接

配置 清除

已接收:332 字节 21 包 CRC32:717bff6

BTSS:1&{"id":"china003","at":"29.6","ah":"38.0","st":"27.0","sh":"90.3"}{"id":"china003","at":"29.6","ah":"37.0","st":"27.0","sh":"90.4"}{"id":"china003","at":"29.6","ah":"37.0","st":"27.0","sh":"90.4"}{"id":"china003","at":"29.6","ah":"37.0","st":"27.0","sh":"90.5"}{"id":"china003","at":"29.6","ah":"38.0","st":"26.9","sh":"90.5"}

已发送:7 字节 1 包 CRC32:470f1014

BTSS=1&

HEX

发送

100 ms 定时发送

图 12-13　开启蓝牙发送

如需关闭，则可以输入“BTSS=0&”，如图 12-14 所示。

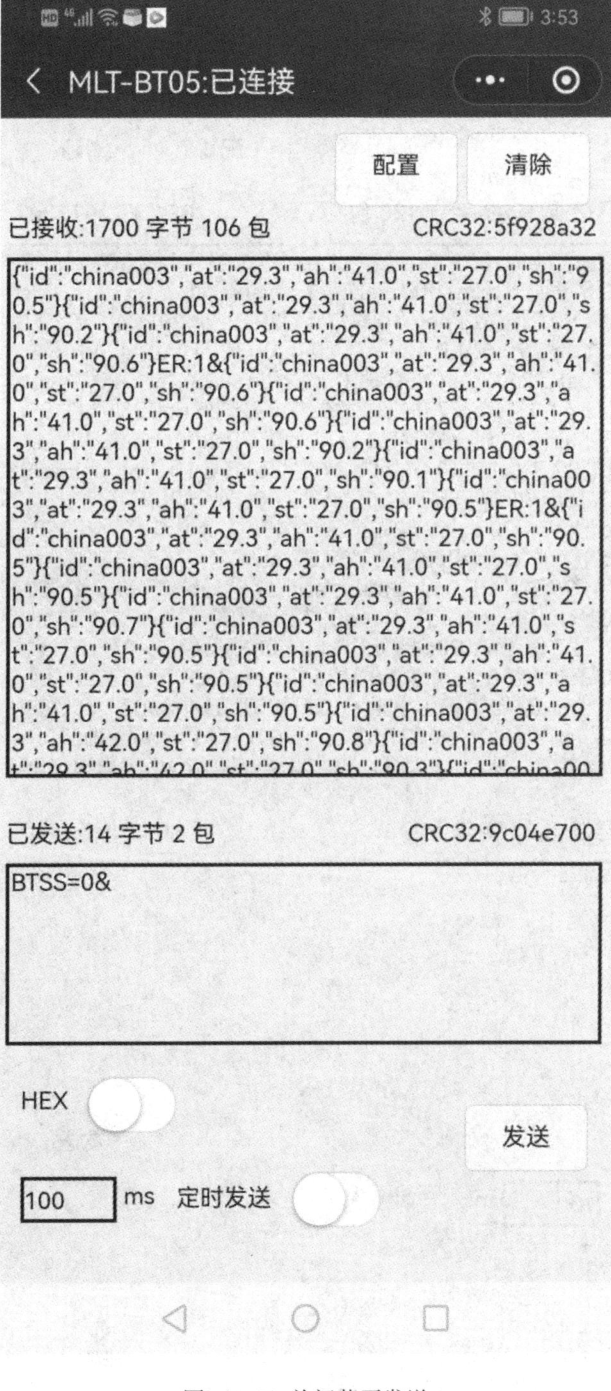

图 12-14　关闭蓝牙发送

进一步需要控制蠕动泵工作，则输入“WACO=1&”，如图 12-15 所示。

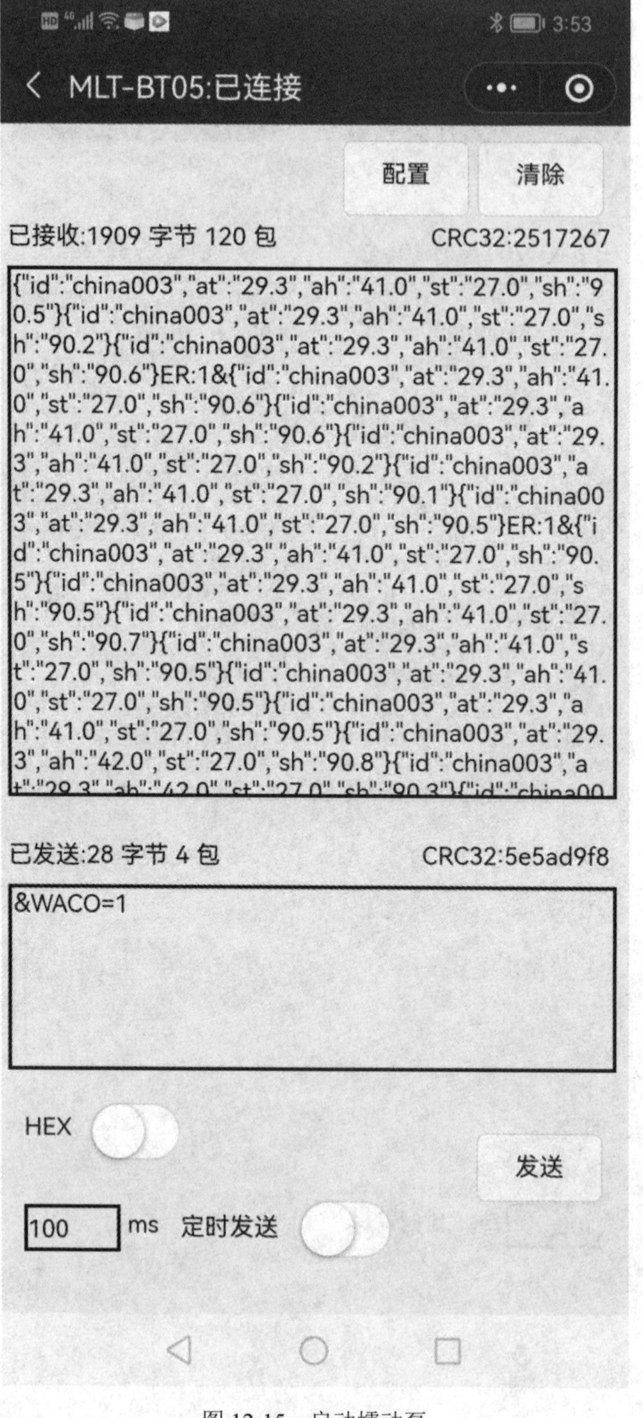

图 12-15　启动蠕动泵

此时蠕动泵开始工作并且发出较大的声音，然后输入“&WACO=0”，如图 12-16 所示。

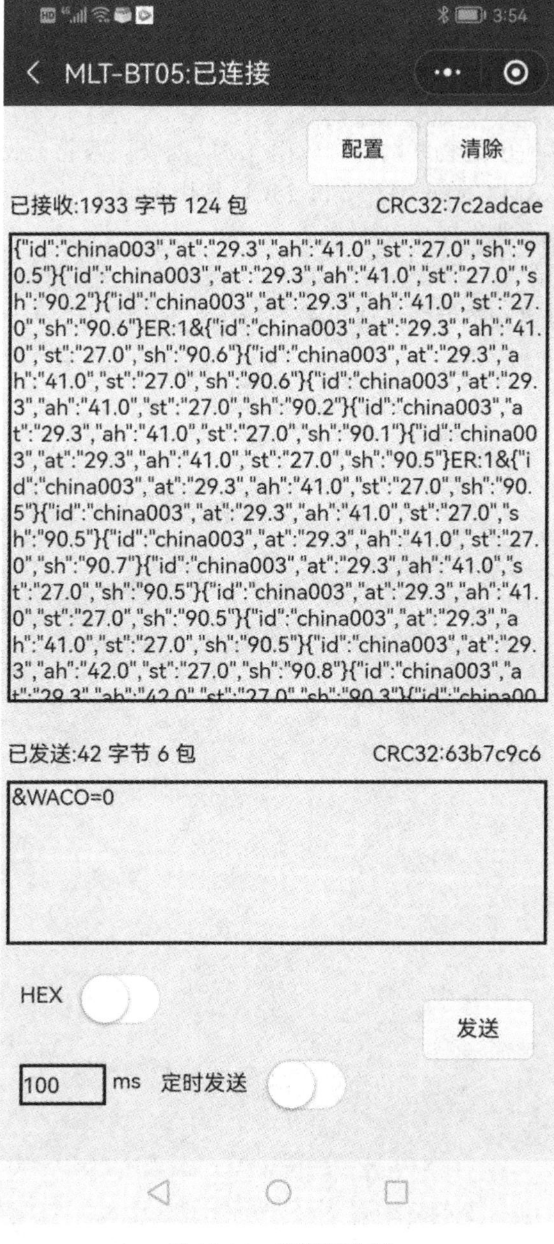

图 12-16　关闭蠕动泵

由图 12-16 可以看到，蠕动泵停止工作，声音也停止。因此，本系统可以智能地应用于农业场景实现无线数据采集和传感器的控制。

参 考 文 献

[1] 北京新大陆时代教育科技有限公司. 物联网综合应用实训 [M]. 2 版. 北京：机械工业出版社，2021.

[2] 席东，吕文祥，刘华威. 物联网综合应用 [M]. 西安：西北工业大学出版社，2019.

[3] GD32F103×× ARM Cortex M3 32-bit MCU 使用手册.

[4] ESP-12S Wi-Fi 模组规格书.

[5] STM32F103x8 手册.

[6] LED 驱动控制/键盘扫描专用集成电路 TM1650 使用手册.